Shuwasystem Visual Text Book

図解入門

現場で役立つ
機械製図の基本と仕組み
[第2版]

大髙 敏男 著

秀和システム

●注意

(1) 本書は著者が独自に調査した結果を出版したものです。

(2) 本書は内容について万全を期して作成いたしましたが、万一、ご不審な点や誤り、記載漏れなどお気付きの点がありましたら、出版元まで書面にてご連絡ください。

(3) 本書の内容に関して運用した結果の影響については、上記 (2) 項にかかわらず責任を負いかねます。あらかじめご了承ください。

(4) 本書の全部または一部について、出版元から文書による承諾を得ずに複製することは禁じられています。

(5) 商標

本書に記載されている会社名、商品名などは一般に各社の商標または登録商標です。

加工や組立てなどの作業効率に配慮した図面を書こう！
（第２版刊行にあたって）

　図面には、設計者の設計意図が織り込まれています。また、会社の重要な技術情報も示されています。つまり情報伝達ツールです。もしもこの情報が間違って伝わったり、一部が伝わらなかったりしたら、意図するものはできあがりません。図面には、設計者の考えが「正確」かつ「明瞭」に表現されている必要があります。

　モノづくりにおける図面は、技術文書の１つです。したがって、正確な情報が明確に記載されている必要があります。そこに曖昧な内容があると、その図面を用いる工程にミスが発生しやすくなります。また、作業者の誤解や誤った判断により、製造工程やコスト、製品の品質にまで影響を及ぼしてしまいます。また図面は、加工作業や組立て作業の効率化の観点からも最大限の配慮がなされている必要があります。「おや？　この図面、結局、加工ができないぞ！」「この図面、組立てに時間がかかりすぎるな！」といったちょっと信じ難いようなケースも、実際の現場でよく見かけます。

　さて、本書の初版が刊行されてから９年が経過しました。この間に、「機械製図」がJIS B 0001:2019として改正され、「日本工業規格（JIS）」そのものも2019年７月１日に「日本産業規格」へと改称されるなど、多くのことが変化しました。本書では、設計者の意図を正確かつ明瞭に書くための一般的な心得を示すと共に、現場での図面の事例を具体的に解き明かしていくことで、図面を使用する作業者が誤解や誤りに陥らない図面の書き方、加工や組立て作業の効率に配慮した「読みやすい図面」「加工や組立てがしやすい図面」の書き方を習得していただけるようになっています。初版で定めたこの視点を踏襲しつつ、規格改正その他の近年の変化に対応して内容を改訂し、第２版として刊行いたします。

　機械設計の現場において、ベテランの設計者はご自身の知識と経験のおさらいに、経験の浅い設計者は製図スキルのステップアップに、本書を活用していただければ幸いです。

　2024年11月　　　　　　　　　　　　　　　　　　　　大髙　敏男

本書の特長

　本書は、「機械製図の基本と共に、加工・組立て作業の効率性に配慮した図面の書き方を実践的に習得していただく」ことを目的としています。

　また、機械製図の基本を学び直したいという方々や機械工学専攻の学生の皆さんの手引きとなるような内容になっています。

●「読みやすい図面」の書き方が理解できる

　読みやすい図面を書くには、図面の基本を正しく身に付けることが第一歩です。図面に含まれる情報、図面の構成要素など、機械製図の基本の基本を正確に理解しましょう。

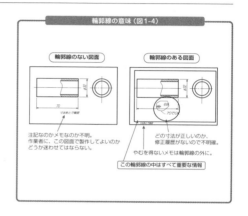

●「曖昧な図面」を知ることでその予防法が理解できる

　曖昧な図面は、その図面を見て加工する作業者の判断を惑わし、誤解を生じさせたりします。このことが、作業時間の浪費につながり、製造工程に影響を及ぼし、ひいてはコストにも悪影響を与えることになります。本書では、様々な曖昧な図面の例を見て問題点をご一緒に考えながら、的確な図面の書き方と予防法を理解しましょう。

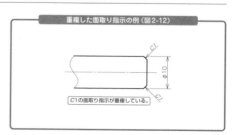

●「加工を考えた図面」の書き方が理解できる

図面には様々な加工方法が記載されます。中には、難しい加工の場合もあります。また、加工作業者のため息が聞こえてきそうな図面も散見されます。本書では、加工作業者の視点に立った図面の書き方を理解しましょう。

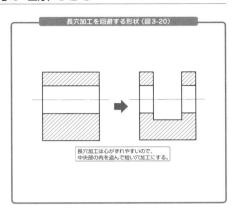

長穴加工を回避する形状（図3-20）

長穴加工は心がずれやすいので、中央部の肉を盗んで短い穴加工にする。

●「組み立てやすい図面」の書き方が理解できる

機械製品は、多くの部品から構成されています。組み立てやすい図面は、組立て作業の効率化の観点からも重要です。コスト削減だけでなく、作業者の安全管理にもつながります。しっかり書き方を習得しましょう。

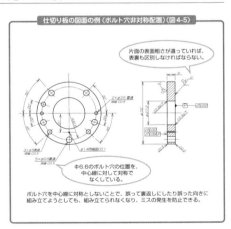

仕切り板の図面の例（ボルト穴非対称配置）（図4-5）

片面の表面粗さが違っていれば、表裏も区別しなければならない。

Φ6.6のボルト穴の位置を、中心線に対して対称でなくしている。

ボルト穴を中心線に対称としないことで、誤って裏返しにしたり誤った向きに組み立てようとしても、組み立てられなくなり、ミスの発生を防止できる。

●基本的な図面の表し方が理解できる

　見やすい図面、わかりやすい図面など、次工程や作業者の立場に立った図面を実現するには、図面の基本的な約束ごとが守られていることが前提となります。基本的な図面の表し方について理解を深めましょう。

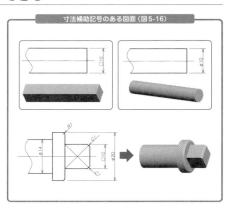
寸法補助記号のある図面（図5-16）

●サイズ公差と幾何公差の表し方が理解できる

　サイズ公差と幾何公差は、理解が難しいとされています。しかし、製品や部品の性能に大きな影響を及ぼす事項が含まれていたり、コストや納期に影響力のある究極の設計意図を示します。サイズ公差と幾何公差のエッセンスをしっかり学びましょう。

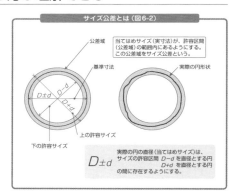
サイズ公差とは（図6-2）

●必読！「ポイントアドバイス」

　1つとして同じ図面がないように、図面の構成要素も千差万別です。また、図面の書き方には、様々なノウハウがあります。本書のエッセンスを活用しましょう。

●機械製図に関するコラムを満載

　機械製図の書き方をキーワードとして、機械製図にまつわる興味深いエピソード、意外な事柄などを紹介しています。

本書の使い方

●本書の構成と使い方

　本書では、読みやすい製図、曖昧な図面、加工を考えた図面、組み立てやすい図面、基本的な図面の表し方、サイズ公差の表し方、幾何公差の表し方、図面管理とその運用などの知識について、具体的な事例をもとにわかりやすく解説しています。

　特に、加工や組立てといった作業の効率化に配慮した図面の書き方について、その勘所を重点的に説明しています。機械製図の適切な書き方を習得することで、ご自身のステップアップに役立てましょう。

●効果的な学習方法

　本書を活用した学習法を紹介します。各章（Chapter）は独立した内容なので、疑問を感じている内容、苦手な内容など、必要に応じた学習の仕方ができます。

［学習法❶］　ともかく図面の基礎を知りたい

　第1章（読みやすい製図）や第5章（基本的な図面の表し方）を読んでみましょう。
　「図面には、どのような情報が含まれるの？」「どういった表記法や記号があるの？」などの疑問を解消しましょう。

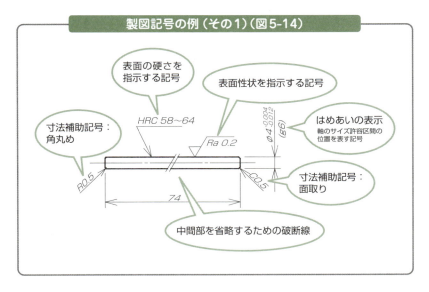

製図記号の例（その1）（図5-14）

[学習法❷] 製図で陥りやすいワナを知る

第2章（曖昧な図面）を読んでみましょう。

図面の書き方で注意すべきなのは、不正確な表し方をしないことです。しかし、曖昧な表し方をしてしまうことはよくあります。

曖昧な表し方がもたらす弊害について、事例を具体的に解き明かしながら、理解しましょう。また、曖昧な表し方の予防法も習得しましょう。

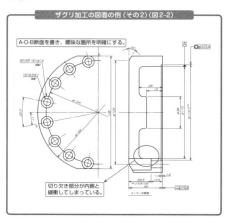

ザグリ加工の図面の例（その2）（図2-2）

[学習法❸] 加工や組立ての作業に配慮した図面を知る

第3章（加工を考えた図面）や第4章（組み立てやすい図面）を読んでみましょう。

「本書の特長」でも触れましたが、図面には設計者の意図が盛り込まれています。しかし、図面を見て作業をする人が判断を誤ったり、手間取ったりする図面は、作業の効率を著しく低下させます。そのことは、製造工程全体やコスト、製品の品質にまで悪影響を及ぼす可能性があります。

こうしたことは、設計者の知識不足、技術不足、経験不足から生じることもありますが、しっかりと勘所を学びながら、一歩ずつクリアしていきましょう。

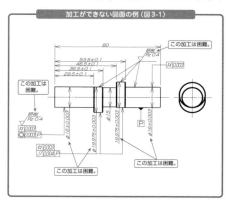

加工ができない図面の例（図3-1）

[学習法❹] サイズ公差や難しそうな幾何公差を知る

　第6章（サイズ公差の表し方）や第7章（幾何公差の表し方）を読んでみましょう。

　サイズ公差は、図面には欠かせない設計者の意図です。サイズ公差の指示さえあれば、加工作業者は指定の範囲に入るように加工すればよいことになります。サイズ公差の仕組みや記入方法を習得しましょう。

　また、精密な機械部品や高い組立て精度が求められるときに指示されるのが幾何公差です。機械製図には不可欠な幾何公差の基本を理解しましょう。

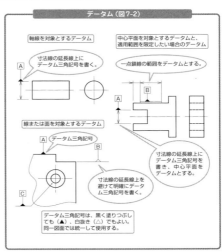

[学習法❺] 図面の活用方法を知る

　第8章（図面の管理と運用）を読んでみましょう。

　図面は、単に製品の形状を示すだけでなく、設計部門をはじめ製造部門や営業部門でも活用する技術情報です。図面の電子化によって、活用範囲は拡大し、多種多様に応用されています。

　今日では、製品開発期間の短縮化を図るだけでなく、事業戦略を練るうえでも重要な情報となっています。製図を書くうえでも、図面の管理方法や活用方法を十分に理解しましょう。

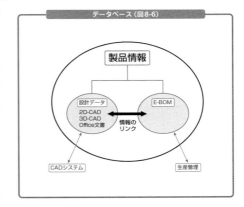

図解入門
現場で役立つ
機械製図の基本と仕組み[第2版]

Contents

加工や組立てなどの作業効率に配慮した図面を書こう！ ………… 3
本書の特長 …………………………………………………………… 4
本書の使い方 ………………………………………………………… 7

Chapter 1　読みやすい図面

1-1	図面とは…………………………………………………16
1-2	機械製図とは……………………………………………20
1-3	図面に含まれる情報……………………………………21
1-4	CADを利用した図面……………………………………23
1-5	図面の大きさ（図面の構成①）…………………………26
コラム	困難な加工と技術の進化………………………………26
1-6	図面の様式（図面の構成②）……………………………29
1-7	図面の尺度（図面の構成③）……………………………33
1-8	JISとISO（標準化と図面①）……………………………35
1-9	標準数の活用（標準化と図面②）………………………37
1-10	図面に示される単位（標準化と図面③）………………41
コラム	「注記」に忍ばせる技術…………………………………43
コラム	機械設計・製図の中にある「武士道」をみる！…………44

Chapter 2　曖昧な図面

2-1	曖昧な図面となる原因…………………………………46
2-2	断面の表示による曖昧な図面…………………………47
2-3	不的確な指示による曖昧な図面………………………50

2-4	寸法の省略による曖昧な図面	54
2-5	寸法の重複による曖昧な図面	57
2-6	ねじの指示の曖昧	62
コラム	武士道「義」を知る！	62
2-7	立体カムの曖昧な図面	64
2-8	曖昧な図面の予防法	66

Chapter 3　加工を考えた図面

3-1	加工と図面の関係	68
コラム	手書き製図とCAD	69
3-2	軸の加工（加工が困難な図面①）	70
3-3	熱処理（加工が困難な図面②）	74
コラム	武士道「仁」「誠」を知る！	78
3-4	JISと旧JISの混在（加工が困難な図面③）	79
3-5	硬さの指示（加工が困難な図面④）	84
コラム	CAD運用の小さな標準化	85
3-6	研磨（作業者にため息をつかせる図面①）	86
3-7	穴加工（作業者にため息をつかせる図面②）	90
3-8	加工方法の指示（作業者にため息をつかせる図面③）	94
3-9	設計に対する配慮が必要な例	96
コラム	日本のモノづくり技術を支えるもの	98

Chapter 4　組み立てやすい図面

4-1	組立図の構成と役割	100
4-2	軸と軸受	102

コラム	「5ゲン主義」で図面を極める！	103
コラム	武士道「勇」を知る！	103
4-3	非対称部品（組立て作業ミスを防ぐ図面①）	104
4-4	公差の積み上げ（組立て作業ミスを防ぐ図面②）	108
4-5	量産設計とは	112
4-6	量産設計のポイント	114
コラム	バリ取りは何のため？	116
4-7	工程管理と設計	117
4-8	量産を考慮した設計事例	119
4-9	組立ての作業性への配慮	123
4-10	失敗につながる要因	125

Chapter 5　基本的な図面の表し方

5-1	投影法	128
コラム	コストの意識①	134
5-2	設計意図を正しく表す寸法表記	135
5-3	製図記号の種類	141
5-4	寸法補助記号	143
5-5	材料記号	145
コラム	SS400とS45C	146
コラム	デジタルプロダクツドキュメンテーション（DPD）とは	148
コラム	武士道「礼」を知る！	148
5-6	溶接記号	150
5-7	Oリング（あえて書く寸法、書かない寸法①）	154
5-8	はめあい（あえて書く寸法、書かない寸法②）	157
コラム	武士道「名誉」「忠義」を知る！	160
5-9	歯車（あえて書く寸法、書かない寸法③）	161

コラム コストの意識② ………………………………………………… 164

Chapter 6 サイズ公差の表し方

6-1 サイズ公差とは ………………………………………………… 168

6-2 公差が影響を及ぼす因子 ……………………………………… 172

コラム 大学で学べる実践的製図の限界 ………………………… 173

6-3 許容限界サイズ (サイズ公差①) …………………………… 174

6-4 基本サイズ公差等級 (サイズ公差②) ……………………… 175

6-5 サイズ公差の記入方法 ………………………………………… 177

コラム 人体を輪切りにした透視データから図面へ …………… 179

6-6 圧縮機における公差の事例 …………………………………… 180

コラム CADの生い立ち ………………………………………… 185

コラム 主な製図の規格 ………………………………………… 188

Chapter 7 幾何公差の表し方

7-1 幾何公差の種類 ………………………………………………… 190

7-2 公差記入枠とデータム ………………………………………… 192

7-3 形状公差 ………………………………………………………… 194

コラム コンカレントエンジニアリングで図面の効率化 ……… 195

7-4 姿勢公差 ………………………………………………………… 198

7-5 位置公差 ………………………………………………………… 201

7-6 振れ公差 ………………………………………………………… 205

Chapter 8　図面の管理と運用

8-1	図面の標準化	208
8-2	図面の共有	215
8-3	インターネットの活用	216
コラム	主なデータフォーマット	218
8-4	電子データの管理と運用	219
コラム	PDQ：Product Data Qualityを意識せよ	222
8-5	プロジェクトの管理と運用	223
8-6	設計・製図情報の運用	225
8-7	自己検図のすすめ	230

参考文献 232
索引 233

ご注意

機械製図では、中心線や基準線は「細い一点鎖線」で示します。本書においても同様に表記していますが、縮小された図面においては細線に見える可能性があることにご留意ください。

Chapter 1

読みやすい図面

　図面（製図）には、多くの情報が記されていま
す。それらの情報は、図面を使う人にとって見や
すくなければなりません。本章では、見やすい図
面の構成について解説します。

　作業内容や作業工程により、それぞれ工程図、
据付け図、施工図、詳細図、検査図などがあり、そ
れぞれの作業が間違いなく進められるように、作
業者に役立つように書かれています。

　これらに対応する製図には、「正確」「明瞭」に
加えて、その図面を利用する部門や作業者に対す
る「細心の気配り」が要求されます。これを実現
するために図面は大いに活用されるのです。

1-1 図面とは

図面とは、対象物の構造あるいは対象物を製作する際の工程を細かく示した図のことをいいます。

図面の種類

図面の種類を表1-1に示します。図面の用途による分類は、図面が何に使われるかによるものです。製作するために書かれている図面は**製作図**といいます。作業者は、製作図を見ながら加工機を動かしたり仕上げ作業を行ったりします。

▼主な図面の種類（表1-1）

図面の種類			定義
用途による分類	計画図		設計の意図、計画を表した図面。
	試作図		製品または部品の試作を目的とした図面。
	製作図		一般に設計データの基礎として確立され、製造に必要なすべての情報を示す図面。
		工程図	製作工程の途中の状態または一連の工程全体を表す製作図。
		据付け図	1つのアイテムの外観形状と、それに組み合わされる構造または関連するアイテムに関係付けて、据え付けるために必要な情報を示した図面。
		施工図	現場施工を対象として描いた製作図（建築部門）。
		詳細図	構造物、構成材の一部分について、その形、構造または組立て・結合の詳細を示す図面。
		検査図	検査に必要な事項を記入した工程図。
	注文図		注文書に添えて、品物の大きさ、形、公差、技術情報など注文内容を示す図面。
	見積図		見積書に添えて、依頼者に見積り内容を示す図面。
	承認用図		注文書などの内容承認を求めるための図面。
		承認図	注文者などが内容を承認した図面。
	説明図		構造・機能・性能などを説明するための図面。
		参考図	製品製造の設備設計などの参考にするための図面。

	記録図		敷地、構造、構成組立品、部材の形・材料・状態などが完成に至るまでの詳細を記録するための図面。
表現による分類	一般図		構造物の平面図・立体図・断面図などによって、その形式・一般構造を表す図面（土木部門、建築部門）。
	外観図		梱包、輸送、据付け条件を決定する際に必要となる、対象物の外観形状、全体寸法、質量を示す図面。
	展開図		対象物を構成する面を平面に展開した図。
	曲面線図		船体、自動車の車体などの複雑な曲面を線群で表した図面。
	線図、ダイヤグラム		図記号を用いて、システムの構成部分の機能およびそれらの関係を示す図面。
		系統（線）図［配管図、プラント工程図、配管図、（電機）接続図、計装図、配線図］	給水・排水・電力などの系統を示す線図。
		構造線図	機械、橋りょうなどの骨組みを示し、構造計算に用いる線図。
		運動線図［運動機構図、運動機能図］	機械の構成・機能を示す線図。
	立体図		軸測投影、斜投影または透視投影によって描いた図の総称。
		分解立体図	組立部品の絵画的表現。通常は軸測投影または透視投影をする。各部品は同じ尺度で描かれ、互いに正しい対向位置を占める。各部品は分離され、順序に従って共通軸上に配置される。
	スケッチ図		フリーハンドで描かれ、必ずしも尺度に従わなくてもよい図面。
内容による分類	部品図		部品を定義するうえで必要なすべての情報を含んだ、これ以上分解できない単一部品を示す図面。
		素材図	機械部品などで、鋳造、鍛造などのままの機械加工前の状態を示す図面。
	組立図		部品の相対的な位置関係、組み立てられた部品の形状などを示す図面。
		部品相関図	2つの部品の組立ておよび整合のための情報を示す図面。例えば、両者の寸法、形状限界、性能、予備試験の要求に関する情報を示す。
		総組立図	完成品のすべての部分組立品と部品とを示した組立図。
		部分組立図	限定された複数の部品または部品の集合体だけを表した、部分的な構造を示す組立図。
	鋳造模型図		木、金属またはその他の材料でつくられる鋳造用の模型を描いた図面。

1-1 図面とは

内容による分類（続き）	コンポーネント図、構造図		1つのコンポーネントを決定するために必要なすべての情報を含む図面。
		コンポーネント仕様図	コンポーネントの寸法、形式、型番、性能などを表した図面。
	軸組図		鉄骨部材などの取り付け位置、部材の形、寸法などを示した構造図。
	基礎図		構造物などの基礎を示す図または図面。
	配置図		地域内の建物の位置、機械などの据付け位置の詳細な情報を示す図面。
		全体配置図	場所、参照事項、規模を含めて建造物の配置を示す図面。
		部分配置図	全体配置図の中のある限定された部分を描いたもので、通常は拡大された尺度で描かれ補足的な情報を与える図面。
		区画図	都市計画などに関連させて、敷地、構造物の外形および位置を示す図面。
		敷地図	建物を建造する場所、進入方法および敷地の全般的なレイアウトに関連する建設工事のための位置を示すもので、各種供給施設、道路および造成に関する情報も含まれる。
	装置図		装置工業で、各装置の配置、製造工程の関係などを示す図面。
	配筋図		鉄筋の寸法と配置を示した図または図面（土木部門、建築部門）。
	実測図		地形・構造物などを実測して描いた図面（土木部門、建築部門）。
	撤去図		建物などで、既存の状態から取り壊して除去する部分がわかるように表した図面（建築部門）。

　製作図には作業内容や作業工程により、それぞれ**工程図**、**据付け図**、**施工図**、**詳細図**、**検査図**などがあります。それぞれの作業が間違いなく進められるように、また作業者に役立つように書かれています。

図面とは 1-1

展開図と立体図

　同じ対象物を図面に示す場合でもいろいろな表現方法があり、目的によって表現方法を変えて示します。これは、表1-1中の「表現による分類」に示されています。同じ立方体の展開図と立体図を図1-1に示します。

　もし、この立方体を「鉄板を切って、折り紙のように折り曲げて製作する」としたら、**展開図**があると製作に便利でしょう。一方、**立体図**では最終形状を一見して理解することができます。

　展開図だけが示されている場合、作業者は、頭の中で展開図から立体形状を推測して組み立てることになります。このように、必要に応じた表現方法を選択することは、その図面を使う人にとって有用です。

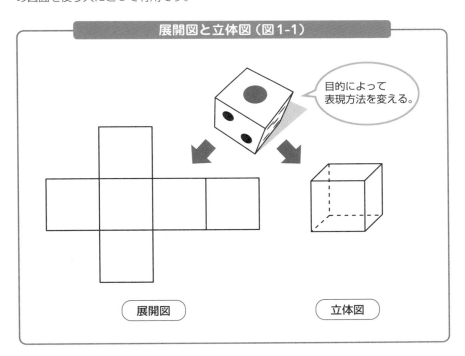
展開図と立体図（図1-1）

1-2 機械製図とは

製図とは、機械や工作物などを製作するために、形状や構造、作業や製造の工程などを記入した図面を作成することをいいます。

役に立つ機械製図

機械製図は、一般に機械に関する製図をいい、モノづくりの現場では多くの場合、設計者によって作図され、この図面をもとに製作者により製作されます。そして、使用者（ユーザー）により、図面の指示に従って機械が運転される場合もあります。

さて、本書は現場で役に立つ機械製図がメインテーマですが、この「役に立つ」というところが重要なポイントです。そもそも「機械」とは「役に立つもの」だからです。

役に立つものをつくろうというのに、役に立たない機械製図を書いていては本末転倒です。では、役に立つ製図とはどういう図面をいうのでしょう。まず、図面の対象となる機械について説明します。

適切な情報を作業者に伝える

機械とは、「化石燃料や電気など何らかのエネルギーを得て動き、人に代わって物を運んだり、人間や社会の役に立つ仕事をするもの」と説明されます。「エネルギーを消費して仕事をする」というところが、「道具」や「器具」と大きく異なっています。そして、機械は、人間や社会の役に立つための有益な機能を多く有しています。

「道具」や「器具」は、機械の中に組み込まれたり、我々人間を補助するために、何らかの機能を有しています。したがって、機械を設計してつくろうとするとき、あるいは、機械を適切に運転しようとするときには、この機能に即した適切な情報を作業者に伝える必要があります。そのことを実現するために、図面は大いに活用されるのです。

1-3 図面に含まれる情報

図面は、設計者同士、あるいは設計者と生産作業者の間など、図面に関わる人の間で意思疎通をする重要な書類です。

図面は情報伝達ツール

図面には設計者の設計意図が織り込まれており、また、会社の重要な技術情報が示されています。つまり情報伝達ツールなのです。もしも、この情報が間違って伝わったり、一部が伝わらなかったりしたら、意図するものはできあがりません。図面には、設計者の考えが「正確」かつ「明瞭」に表現されている必要があります。

さらに、最近のモノづくり現場では、CADで書かれた図面を企画部門や営業部門といった、モノづくりに関わる多くの部署で活用される機会が増えてきています。これらに対応する製図には、「正確」「明瞭」に加えて、その図面を利用する部門や作業者に対する「細心の気配り」がなされ、かつ「迅速な出図」も要求されます。

言葉の壁を越えて

これらを実践するためには、製図に関する約束事が必要となります。わが国では**日本産業規格**(**JIS**：Japanese Industrial Standards) に、製図に関する規則を定めています。

また、世界各国でも製図規格を定めていますが、これらは国際的な技術交流の促進のため、**国際規格**(**ISO**＊) に準拠して定められる傾向にあります。こうした規格に従い、かつ作業者への配慮をしつつ製図をすれば、言葉の壁を越えて設計の意図を伝達することができるのです。

＊**ISO**　International Organization for Standardizationの略。

1-3 図面に含まれる情報

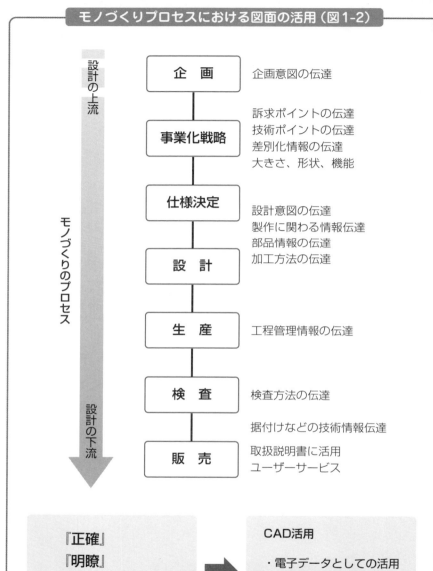

モノづくりプロセスにおける図面の活用（図1-2）

企　画	企画意図の伝達
事業化戦略	訴求ポイントの伝達 技術ポイントの伝達 差別化情報の伝達 大きさ、形状、機能
仕様決定	設計意図の伝達 製作に関わる情報伝達 部品情報の伝達 加工方法の伝達
設　計	
生　産	工程管理情報の伝達
検　査	検査方法の伝達
販　売	据付けなどの技術情報伝達 取扱説明書に活用 ユーザーサービス

設計の上流 → 設計の下流
モノづくりのプロセス

『正確』
『明瞭』
『細心の気配り』
『迅速な出図』

CAD活用
・電子データとしての活用
　（図面管理、その他）
・デジタルデータの利用
　（設計、加工、検査、その他）

1-4 CADを利用した図面

近年は、図面を作成するためにコンピュータを利用することが、一般的な製図方法として広く普及しています。いわゆる、図面データのデジタル化です。

 CADの効果

コンピュータの支援により設計・製図を実践するシステムをCAD*といいます。図面は見やすく書かれている必要がありますが、手書きの図面では熟練に多くの時間を必要とします。

CADは、手書きでは難しい作業を容易にする多くのメリットがあります。図1-3にCADの効果を示します。

CADの効果（図1-3）

CADのメリット

- 機械的作業の効率化
  - 設計計算の効率化と人為的ミスの軽減
  - 編集設計、配置設計
- 図面品質の向上
  - 正確な寸法の作図が容易
  - きれいな仕上がり
- 既存図面の変更・修正の効率化
  - 応用設計、流用設計、改造設計
- 設計データの加工や解析への利用
- 製品製作工程の短縮
  - 工程管理
  - 製作工程の各種確認作業の効率化
- その他（3次元CADの活用）
  - 企画、デザイン、設計、解析、試験、製造など各部署でデータ共有化

CADによる製図に必要な配慮

- 電子データ取り扱い上の注意
  - 不必要データの削除
  - セキュリティーに対する配慮
  - 目的に対応したCAD機能の活用

…など

1-4 CADを利用した図面

CADを利用することにより、作図作業ならびに設計に関係する種々の計算の効率化を図ることができ、また、人為的ミスを減らすことができます。図面は、電子データとして保管しておくことができるので、寸法をパラメータ化した標準形状を用意しておけば、必要に応じて呼び出し、具体的な寸法値を入力して新規図面を作成することができます（これを**編集設計**といいます）。

また、標準化した部品をあらかじめCADに登録しておけば、それら必要に応じて呼び出して配置していく形で新規図面を作成することもできます（これを**配置設計**といいます）。

こうした機能の活用により製図の作業効率を向上させることができるのです。さらに、熟練者と初心者の差も縮められます。誰にでも正確な寸法の図を書くことができ、きれいな仕上がりが得られるのです。

また、過去の図面の寸法や形状を活用して新しい図面を作成する（これを**応用設計**、**流用設計**あるいは**改造設計**といいます）際にも、あらかじめ保存されている既存図面を呼び出して活用することにより、効率的に作業を進めることができます。

ほかにも、図面の電子データを加工用の**コンピュータ支援製造（CAM＊）**などへ流用したり、**数値解析（CAE＊）**や検査に活用したりすることもできます。

さらに、電子データを利用すれば、製品製作工程の管理も実施できます。製作工程に入る前にあらかじめ各種のチェックが可能となるので、設計ミスの早期発見や作業工程の短縮が実現されます。近年は3次元CADも一般的に用いられるようになり、その活用方法や応用方法が拡大しています。

三次元製品情報付加モデルとは、「三次元CADを用いて作成した3次元空間内の形状を表す設計モデルに，要求事項（例えば，材料，公差，溶接，表面処理）を直接的に付加するもの，及び／又は間接的に二次元図面で指示するものに，データの管理情報を加えて作成したデジタル情報のこと」（JIS B0060-1：2015）をいいます。一般機械、精密機械、電気機械などの工業分野で用いる三次元情報付加モデルを作成する場合の基本事項は、包括的なデジタル製品技術文書情報（後述）として、JISに規格化されています。

＊**CAD**　　Computer Aided Designの略。
＊**CAM**　　Computer Aided Manufacturingの略。
＊**CAE**　　Computer Aided Engineeringの略。

CADを利用した図面 1-4

効率的に作業が進められる情報伝達ツール

　製図方法がこのように時代と共に変化し、モノづくりの現場でもグローバル化の必要性が指摘されています。現場におけるミスを減らし、効率的に作業が進められる情報伝達ツールとしての、標準化が進められています。

　「役に立つ製図」を実践する際の留意点も変わってきました。2次元図面と一緒に3次元図面を作成したり、管理情報や部品情報を付加したり、一連の電子データを添付したり、電子メールなどでやりとりできるようにするなどの必要性が高まっているのです。

　こうした流れから、単なる製図の規格ではなく、**デジタル製品技術文書情報**（DTPD＊）として整備され、活用されるようになりました。読みやすい製図、役に立つ製図を実践するには、単に作図だけではなく、3次元CAD活用術、さらには電子データの取り扱いに関する配慮も必要になっているのです。

1 読みやすい図面

製図の極意
『正確』、『明瞭』、『細心の気配り』、『迅速な出図』を心がける。

CADによる製品製作工程の管理
CADを利用することにより、作図作業ならびに設計に関係する種々の計算の効率化を図ることができ、また、人為的ミスを減らすことができる。また、電子データを利用することで、製品製作工程の管理も実施できる。製作工程に入る前にあらかじめ各種のチェックが可能となるので、設計ミスの早期発見や作業工程の短縮が実現される。

＊**DTPD**　Digital Technical Product Documentationの略。

1-5 図面の大きさ
(図面の構成①)

製図には、多くの情報が記されています。それらの情報は、図面を使う人にとって見やすくなければなりません。ここでは、見やすい図面の大きさについて解説します。

機械の大きさや部品の数によって決める

加工作業者は、多くの場合、作業しているすぐそばに製作図を置き、図面の記載内容を確認しながら作業を進めます。作業者が携帯しやすく、また工作機械に掲示できる大きさとなると、A4サイズまたはA3サイズが便利でしょう。

しかし、大きな製品や部品点数の多い製品をこのサイズで作図すると、図が混み合ってしまい、とても見にくくなるでしょう。場合によっては、A2サイズやA1サイズを使用する必要があります。

図面の大きさは、対象物である機械の大きさや1枚の図面に納める部品の数などによって決めるようにします。機械製図では表1-2に示すA列サイズを用いています。やむを得ない場合のみ延長サイズが用いられます。

COLUMN　困難な加工と技術の進化

加工が困難な図面は、悪い図面なのでしょうか？

もしも、同じ機能を維持することができる代替案があれば、代替案による図面を出図すればよいでしょう。

しかし、加工が困難であることを承知で、あえて押し通すこともあります。それには、いろいろな理由があります。

例えば、性能向上が望める案であったり、自社が得意とする独自の加工技術を応用する場合であったり——いずれにしても相応の理由があり、無理を承知で加工にチャレンジするのです。

まれに見られるこのチャレンジが、加工技術を少しだけ進歩させるかもしれません。

そこに工夫を加えれば、これまで困難であった加工が容易になるかもしれません。多くの優れた新しい製品は、こうした加工サイドと設計サイドのチャレンジによって生み出されるのです。

図面の大きさ（図面の構成①） 1-5

▼図面の大きさ（表1-2） (単位：mm)

A列サイズ		延長サイズ		c（最小） （とじない場合 $d=c$）	とじる場合の d（最小）
呼び方	寸法$a×b$	呼び方	寸法$a×b$		
—	—	A0×2	1189×1682	20	25
A0	841×1189	A1×2	841×1783		
A1	594×841	A2×3 A2×4	594×1261 594×1682		
A2	420×594	A3×3 A3×4	420×891 420×1189		
A3	297×420	A4×3 A4×4 A4×5	297×630 297×841 297×1051	10	
A4	210×297	—	—		

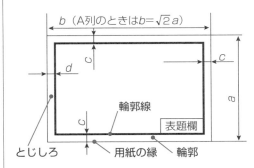
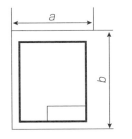

伝達する情報とそれ以外の情報

　通常は長辺を左右方向に置き横長にして用いますが、A4に限り短辺を左右方向に置いて用いてもよいことになっています。図面には、太さ0.5mm以上の輪郭線を設け、必要に応じてとじしろを左側に設けます。この輪郭線の内側に表示されているすべてが、伝達すべき図面情報となります。

　図面には、幾何的な図形や寸法、加工方法、処理方法、作図の履歴などの管理情報、注記その他、文字・線・記号などによる記載内容のすべてが含まれます。したがって、**輪郭線**は伝達する情報とそれ以外を分ける明確な境界となるのです。輪郭線内に追記や修正を行った場合は、必ず**修正履歴**を残します。

1-5 図面の大きさ（図面の構成①）

　また、やむを得ず自分だけのメモが必要な場合は、輪郭線の外に書くようにします。図1-4に示すように、輪郭線のない図面や修正履歴のない図面は、作業者を惑わせミスにつながるので要注意です。

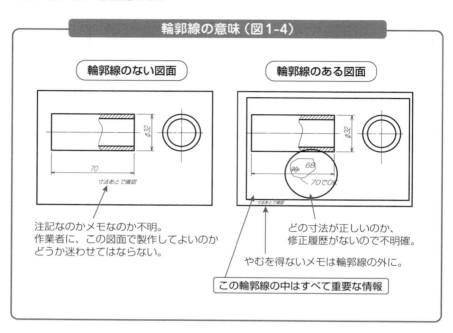

図面に含まれる情報

図面には、幾何的な図形や寸法、加工方法、処理方法、作図の履歴などの管理情報、注記その他、文字・線・記号などによる記載内容のすべてが含まれる。輪郭線は伝達する情報とそれ以外を分ける明確な境界となる。輪郭線内に追記や修正を行った場合は、必ず修正履歴を残す。

1-6 図面の様式
（図面の構成②）

機械製図では、輪郭線の内側に多くの情報が記載されています。これらの情報専用の記載欄があると、作図する人にも、情報を読み取って作業する人にも便利です。

部品図の役割

部品図の最も簡単な例を図1-5に示します。**部品図**には、その部品の製作に必要な形状、寸法、サイズ公差、幾何公差、面の肌、加工方法、材質、個数などの情報を詳細に記載します。

表題欄を必ず設け、図のタイトルや管理番号、尺度や投影法など図面の一般情報を記載します。必要に応じて部品の材料や処理方法、製作個数といった部品情報、そして「いつ」「誰が」「どこを」修正したのか図面使用者が追跡できるように修正履歴を記載します。また、その図面がどの部署から出図され、誰が承認したか、といった図面の管理情報も記載します。

こうした情報の記載形式は、多くの場合、会社や設計事務所で独自の書式を決めて管理・運用しています。書式が決められていない場合は、自分で書式を決めて管理するとよいでしょう。多くのCADソフトでは、管理情報の定型フォーマットが用意されており、情報を入力すれば表示されるようになっているので、これを利用するのもよいでしょう。

組立図の役割

組立図は、機械部品の組立て状態を示します。各部品の嵌合(かんごう)状態や位置関係、組立て作業をするときの指示やできあがったときの寸法などが示されています。機械全体の組立て状態を示す図を**総組立図**といい、また一部分の組立て状態を示した図面を**部分組立図**といいます。

製作作業者は、組立図あるいは組立図中に記載される要目表から、製作に必要な材料を抽出して手配します。部品点数が多くなると、組立図とは別に要目表を作成することもあります。そして、加工方法や加工の段取り、作業の手順を計画し、製作を進めます。このときには、部品図と組立図を必要に応じて対比させながら設計情報を読み取り、製作ミスが最少になるように進めます。

1-6 図面の様式（図面の構成②）

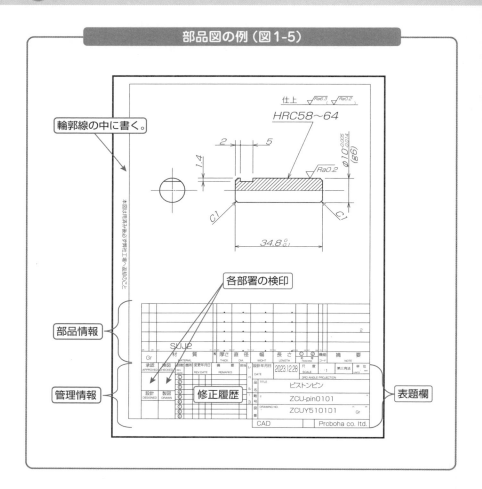

部品図の例（図1-5）

製作に必要な詳細情報を明確に示す

　総組立図と部分組立図の関係、あるいは組立図と部品図の関係は、常に整合がとれていなければなりません。もしも食い違いがあると、作業者はどちらが正しいのか迷い、結果的にミスにつながったり製作時間が多くかかってしまったりします。

　このようなことを防ぐために、例えば、組立図には部品ごとに**照合番号**（品番）を付けて管理します。そうすることにより、図番（図面番号）をたどってその部品図にアクセスし、容易に確認を行うことが可能になります。

図面の様式（図面の構成②） 1-6

　また、図面には**表題欄**や**部品欄**を設け、図面の履歴や加工法など製作に必要な詳細な情報を明確に示しておく、といった配慮も必要です。図1-6に組立図の一例を示します。組立図の部品欄には、それぞれの図番が記載されており、この**図番**は部品図の図番に対応します。

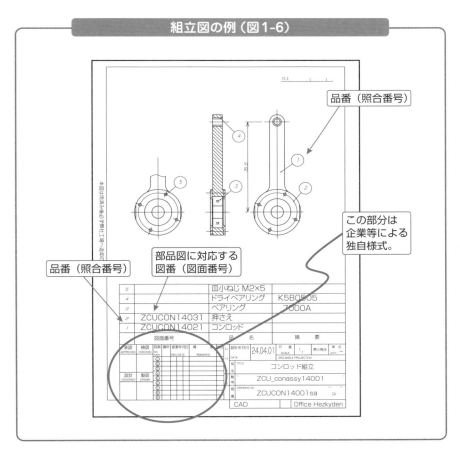

CADにおける図面の様式

　CADを利用して図面を作成する場合においても、同様の様式に従って製図を行います。一般に機械系CADは、専用の部品データや修正履歴を登録し、電子データとして取り扱うことができる機能を持ちます。

1-6 図面の様式（図面の構成②）

　例えば、ポップアップウィンドウから表題欄に記載されている内容や管理情報、部品情報などの必要事項を入力して保存できるようになっています。そして、必要に応じていつでも登録データを見ることができます。自動的に修正履歴を登録することが可能なソフトウェアもあります。

　こうした機能は、ソフトウェアがバージョンアップするたびに少しずつ便利になっていきます。基本的に、図面に記載している内容を電子データとして利用しやすい形で登録しておくものです。

　3次元CADにも同様の機能があります。例えば、部品図を修正すると自動的に組立図も修正されたり、逆に組立図を修正すると部品図も同時に自動的に修正されたりする機能を有するものがあります。

　これは、寸法などの修正に伴い発生する組立図と部品図の関係の矛盾を自動的に修正するもので、図1-7に示すように、相互の関係を正しい状態に保ちながら編集を進めることができるのです。

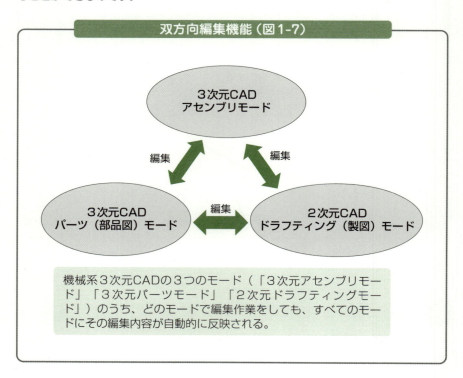

双方向編集機能（図1-7）

機械系3次元CADの3つのモード（「3次元アセンブリモード」「3次元パーツモード」「2次元ドラフティングモード」）のうち、どのモードで編集作業をしても、すべてのモードにその編集内容が自動的に反映される。

1-7 図面の尺度
（図面の構成③）

　製図の際には、原則として原寸（実際の対象物の寸法）で図面を書くのが望ましいです。その理由は、書かれている対象物を、それを利用する人がイメージしやすいからです。

 縮尺と倍尺

　製作者は、図面に書かれている図形と製作中の実物を照合しながら作業を進めるかもしれません。寸法どおりに書かれていれば、この照合から加工ミスをひと目で見つけることができるでしょう。
　製作のミスを減らし、また仮にミスがあったとしても早い段階で気付くことができれば、問題を最小限にとどめることが可能になります。また、製作の工程検討などにも原寸のほうが便利です。
　しかし、用紙の大きさには限りがあるので、製作物のサイズが大きくなると、原寸で書くことは不可能となります。このようなときには、図面に書く図形の大きさを実物の大きさに対してしかるべき比率で縮めて書く**縮尺**が使われます。
　これとは反対に、実際の対象物が小さかったり、複雑な形状をしていたりする場合には、実際の対象物の大きさよりも図面に描く図形の大きさをしかるべき比率で大きくして書く**倍尺**が使われることもあります。縮尺や倍尺は、対象物により上手に使い分ける必要があるでしょう。

 尺度とは

　尺度とは、縮尺や倍尺の度合いを示しており、「図面の中に書かれている図形の大きさと、実際の大きさとの割合」を示しています。尺度の表記は、図形の長さＡと対象物の実際の長さＢとの比Ａ：Ｂで表します。
　尺度は、表1-3に示すようにJIS規格で定められています。尺度は、表題欄の所定のところに表記し、同一図面中に異なる尺度で描かれた図形が存在するときには、図1-8に示すように、その図形の近くにもその適用した尺度を記載するようにします。
　図面に記される各部の寸法は、縮尺や倍尺で書いた図面であっても実際の対象物の寸法を記入します。

1-7 図面の尺度（図面の構成③）

▼尺度（JIS規格より）（表1-3）

種別	推奨尺度
倍尺	50:1　20:1　10:1 5:1　2:1
現尺※	1:1
縮尺	1:2　　　1:5　　　1:10 1:20　　1:50　　1:100 1:200　1:500　1:1000 1:2000　1:5000　1:10000

※この欄を優先して使用する。

倍尺がある図面（図1-8）

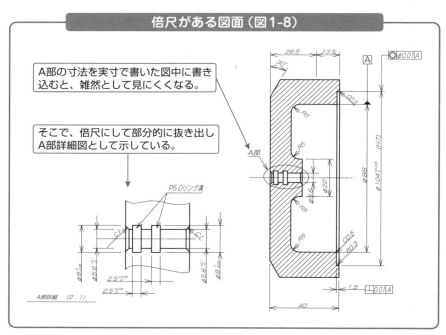

図面の構成を理解

- 製図では、作業者を惑わせるような表記をしない。
- 管理情報、部品情報も図面の一部。
- 基本は実寸、必要に応じて、縮尺、倍尺を用いて書く。

1-8 JIS と ISO
（標準化と図面①）

　図面の書き方は、大部分が JIS あるいは ISO により規格化されています。同様に、設計業務を進めるにあたって必要となる材料情報や加工情報などの記載方法も標準化されています。これにより、設計・製図・製造といったモノづくりの作業効率が向上するほか、製品のグローバル化にも役立っています。

共通のルールで書かれた図面

　製品の材料となる工業材料や機械要素は、世界的に標準化されていれば便利です。例えば、国ごとにねじの規格が違っていると、その国の規格に合うように設計変更をしなければなりません。

　共通の規格でつくられていれば、どこの国でも機械要素部品を容易に手に入れることが可能で、また製造現場においても部品の調達の自由度が高まるので大変便利です。

　製図に関しても同様で、共通のルールで図面が書かれていれば、例えば「設計・製図は日本で行い、製造は海外の複数箇所で行う」といった際に、スムーズな展開が可能となります。したがって、製図は規格に従って、内容を正確かつ容易に読み取れるように書かなくてはなりません。製図の規格は JIS によって定められ、標準化が図られています。

　例えば表1-4に示すように、機械分野、電気分野、建築分野における共通の基本事項や一般的な事項に関する「製図総則」、機械に関する「機械製図」などが規格化されています。

　JIS は、ISO に準拠して規格化されています。国際的な技術交流やモノづくりのグローバル化が進められている現代では、国際的な標準化を進めることは重要なのです。

1-8 JISとISO（標準化と図面①）

▼機械製図に関連する主なJIS規格（表1-4）

規格名称	規格番号	規格名称	規格番号
製図－製図用語	JIS Z 8114	製品の幾何特性仕様（GPS）－幾何公差表示方式	JIS B 0021
製図総則	JIS Z 8310	製品の幾何特性仕様（GPS）－表面性状の図示方法	JIS B 0031
製図－文字	JIS Z 8313	製品の幾何特性仕様（GPS）－長さに関わるサイズ交差のISOコード方式	JIS B 0401
製図－尺度	JIS Z 8314	製品の幾何特性仕様（GPS）－表面性状：輪郭曲線方式	JIS B 0601
機械製図	JIS B 0001	CAD用語	JIS B 3401
製図－ねじ及びねじ部品	JIS B 0002	溶接記号	JIS Z 3021
歯車製図	JIS B 0003	電気用図記号	JIS C 0617
ばね製図	JIS B 0004		
製図－転がり軸受	JIS B 0005		

JISはISOに準拠して規格化されている。

ポイントアドバイス

製図の規格はグローバル

製品の材料となる工業材料や機械要素が、世界で標準化されていれば便利である。共通の規格でつくられていれば、どの国でも機械要素部品を容易に手に入れることが可能であり、製造現場においても部品の調達の自由度が高まる。製図に関しても、国際的な技術交流やモノづくりのグローバル化が進む中、国際的な標準化が進められている。

1-9 標準数の活用
（標準化と図面②）

機械設計の際に、各部の寸法はどのように決めたらよいのでしょうか。

求められた数値に近い数字を標準数から選ぶ

強度計算をする際は、しかるべき安全率を考慮することが求められます。多くの場合、板厚ならば「○○mm以上」、軸の直径なら「φ△△mm以上」と計算上示されます。例えば、軸の直径を決める際に、強度計算から「φ5.94以上」の太さにしなければならないとします。これに、例えば「安全率5」を考慮すれば、軸の直径は「φ29.70以上」と算出されます。

では、軸の直径はφ29.70とすればよいのでしょうか。部品を設計するときの各部の寸法は、**標準数**から決めるとよいでしょう。計算で強度上必要な寸法を求め、その数値に近い数字を標準数から選びます。表1-5に円筒軸の軸径の規格を示します。

▼円筒軸の軸径（単位：mm）（表1-5）

4 □	14 *	35 □*	75 □*	170 □*	360 □*
4.5 □	15 □	35.5	80 □*	180 □*	380 □*
5 □	16 *	38 *	85 □*	190 □*	400 □*
5.6	17 □	40 □*	90 □*	200 □*	420 □*
6 □*	18 *	42 *	95 □*	220 □*	440 □*
6.3	19 *	45 □*	100 □*	224	450 *
7 □*	20 *	48 *	105 □	240 □*	460 □*
7.1	22 □*	50 □*	110 □*	250 *	480 □*
8 □*	22.4	55 □*	112	260 □*	500 □*
9 □*	24 *	56 *	120 □*	280 □*	530 □*
10 □*	25 □*	60 □*	125 *	300 □*	560 □*
11 *	28 □*	63 *	130 □*	315	600 □*
11.2	30 □*	65 □*	140 □*	320 □*	630 □*
12 □*	31.5	70 □*	150 □*	340 □*	
12.5	32 □*	71 *	160 □*	355	

注：□印はJIS B 1512（転がり軸受の主要寸法）の軸受内径による。
　＊印はJIS B 0903（円筒軸端）の軸端のはめあい部の直径による。
　（JIS B 0901:1977による）

1-9 標準数の活用（標準化と図面②）

　これを見ると、φ29.70に近い値としてφ28とφ30があります。強度上の安全側を選定するとすれば、φ30を選ぶことになります。こうすることによって、標準化が進められ、関連する機械要素の調達が容易になります。

　この場合は、はめあい*部分の寸法にも対応するので、軸受の調達や設計も容易になります。軸の直径寸法をこの表の中から決めれば、調達やコストで優位になるでしょう。

材料調達や加工にも役立つ

　軸径以外の寸法は、表1-6に示す**標準数**を参考に決めるとよいでしょう。材料資材の寸法や加工用治具の寸法など、いろいろなケースで標準数が参照されます。寸法において標準数を参照することで、材料調達や加工に際してもスムーズに作業を進めることが可能となります。

社内での標準化

　標準化はJISやISOの規格だけでなく、自社内や自分自身のいろいろなところで進めるとよいでしょう。例えば、図面の書式やデータ管理方法、技術報告書の管理や運用など、技術に関連するほとんどの事項で手順や方法を決めておきます。

　こうすることにより、モノづくりの効率化が進むだけでなく、設計における失敗も未然に防げるようになります。

標準数の活用メリット

部品を設計するときの各部の寸法は、標準数から決めるとよい。材料資材の寸法や加工用治具の寸法など、いろいろなケースで標準数が参照される。モノづくりの効率化が進むだけでなく、設計における失敗も未然に防げるようになる。

＊**はめあい**　穴に軸を差し込んで使用する場合に、軸径と穴径の組み合わせを「はめあい」と呼ぶ。図面は「軸をスムーズに動かしたい」「正確な位置決めをしたい」といった意図に基づいて描く必要がある。はめあいには、穴径に対して軸径が細い「すきまばめ」と、穴径より軸径が太い「しまりばめ」がある。

標準数の活用（標準化と図面②） 1-9

▼標準数（表1-6）　　　　　　　　　　　　　　　　　　　　　　　　　(JIS Z 8601)

基本数列の標準数				計算値	基本数列の常用対数（仮数）	標準数と計算値との差（%）	標準数に近似の定数	特別数列の標準数 R80
R5	R10	R20	R40					
1.0	1.00	1.00	1.00	1.0000	000	0.00		1.00 1.03
			1.06	1.0593	025	0.07		1.06 1.09
		1.12	1.12	1.1220	050	−0.18		1.12 1.15
			1.18	1.1885	075	−0.71		1.18 1.22
	1.25	1.25	1.25	1.2589	100	−0.71	$\sqrt[3]{2}$	1.25 1.28
			1.32	1.3335	125	−1.01		1.32 1.36
		1.40	1.40	1.4125	150	−0.88	$\sqrt{2}$	1.40 1.45
			1.50	1.4962	175	0.25		1.50 1.55
1.6	1.60	1.60	1.60	1.5849	200	0.95		0.16 1.65
			1.70	1.6788	225	1.26		1.70 1.75
		1.80	1.80	1.7783	250	1.22		1.80 1.85
			1.90	1.8836	275	0.87		1.90 1.95
	2.00	2.00	2.00	1.9953	300	0.24		2.00 2.06
			2.12	2.1135	325	0.31		2.12 2.18
		2.24	2.24	2.2387	350	0.06		2.24 2.30
			2.36	2.3714	375	−0.48		2.36 2.43
2.5	2.5 2.50	2.50	2.50	2.5119	400	−0.47		2.50 2.58
			2.65	2.6607	425	−0.40		2.65 2.72
		2.80	2.80	1.8184	450	−0.65		2.80 2.90
			3.00	2.9854	475	0.49		3.00 3.07

1-9 標準数の活用（標準化と図面②）

2.5 (続き)	3.15	3.15	3.15	3.1623	500	−0.39	π	3.15 3.25
			3.35	3.3497	525	0.01		3.35 3.45
		3.55	3.55	3.5481	550	0.05		3.55 3.65
			3.75	3.7584	575	−0.22		3.75 3.87
4.0	4.00	4.00	4.00	3.9811	600	0.47		4.00 4.12
			4.25	4.2170	625	0.78		4.25 4.37
		4.50	4.50	4.4668	650	0.74		4.50 4.62
			4.75	4.7315	675	0.39		4.75 4.87
	5.00	5.00	5.00	5.0119	700	−0.24		5.00 5.15
			5.30	5.3088	725	−0.17		5.30 5.45
		5.60	5.60	5.6234	750	−0.42		5.60 5.80
			6.00	5.9566	775	0.73		6.00 6.15
6.3	6.30	6.30	6.30	6.3096	800	−0.15	2π	6.30 6.50
			6.70	6.6834	825	0.25		6.70 6.90
		7.10	7.10	7.0795	850	0.29		7.10 7.30
			7.50	7.4989	875	0.01		7.50 7.75
	8.00	8.00	8.00	7.9433	900	0.71	π/4	8.00 8.25
			8.50	8.4140	925	1.02		8.50 8.75
		9.00	9.00	8.9125	950	0.98		9.00 9.25
			9.50	9.4406	975	0.63		9.50 9.75

1-10 図面に示される単位
（標準化と図面③）

機械図面の中には、多くの数値とその単位が示されます。機械設計においては、寸法値などの長さ、構造上の強度に関連して、力、応力、圧力、モーメント、温度やエネルギーなど、様々な数値があります。

単位系が混在すると設計も煩雑化する

これらの値には、基準となる量である**単位**があります。単位は、業界別あるいは国別にいろいろなものが数多く存在しています。近年は社会のグローバル化が進み、それに伴い単位の違いによる多くの弊害が生じてきました。

例えば、外国から輸入したポンプの接続口のボルトが破損したため交換しようとしたときに、国内のボルトのねじのピッチや直径はメートル基準でつくられていますが、外国のボルトがインチ基準であれば交換することができず、外国からボルトを輸入しなければならないでしょう。

また、海外の企業と共同で設計を進める場合は、いちいち相手国の単位に換算しなければならないでしょう。単位系が混在すると、設計も煩雑化してしまいます。

こうした不便をなくし、諸量の世界標準化を進めるため、1960年に1量1単位の実用的単位系として**国際単位**(International System of Units；略称SI)が確立されて広く用いられるようになりました。これを**SI単位**（JIS Z 8202、JIS Z 8203:1974）ともいいます。

わが国では長らく、**工学単位系**（**MKS単位系**）、**物理単位系**（**CGS単位系**）が使用されてきました。しかし、近年はSI単位系への移行が進み、大部分がSI単位で表記されるようになっています。

しかし、工業界に浸透している工学単位系の使用や、慣例的に用いられている**外国単位系**との併用がまだ多く見られるため、これらを取り扱う場合には注意が必要です。

1-10 図面に示される単位（標準化と図面③）

単位系は統一して表記する

　機械製図では、長さは基本的にmmで示します。そして、単位系は基本的にSIを用います。図1-9に示す図は、銅の絞り加工部品の図面の一部を示しています。この図の「φ15.8」の部分は、「5/8インチ」の銅管と突き合わせて、ソケットによって接続し、ろう付けにより固定します。

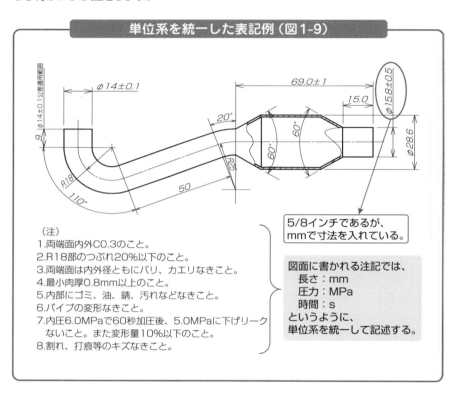

単位系を統一した表記例（図1-9）

（注）
1. 両端面内外C0.3のこと。
2. R18部のつぶれ20%以下のこと。
3. 両端面は内外径ともにバリ、カエリなきこと。
4. 最小肉厚0.8mm以上のこと。
5. 内部にゴミ、油、錆、汚れなどなきこと。
6. パイプの変形なきこと。
7. 内圧6.0MPaで60秒加圧後、5.0MPaに下げリークないこと。また変形量10%以下のこと。
8. 割れ、打痕等のキズなきこと。

5/8インチであるが、mmで寸法を入れている。

図面に書かれる注記では、
　長さ：mm
　圧力：MPa
　時間：s
というように、
単位系を統一して記述する。

　したがって、外径は銅管と同じ寸法の「5/8インチ」と記入したいところですが、そうすると作業者は加工の際に「mm」と「インチ」の両方の計測が必要となり、ミスの原因となります。実際、「φ15.8±0.5」で加工すれば問題なく相手の銅管と接合できるので、寸法の単位をすべて「mm」で表記しています。

このように、単位系はできるだけ統一して表記します。また、注記にはいろいろな指示が書かれています。この中で、例えば耐圧試験の指示では、圧力の単位としてSI単位系の「MPa」を用いています。

これを「kgf/cm²」、あるいは極めて慣例的な古い図面の記載例としてさらにfを省略して「kg/cm²」と示す図面に出会うことがあります。0.1「MPa」はおおよそ1.0「kgf/cm²」になるので、数字だけ見ると1桁違ってしまいます。

また、「kgf/cm²」と記載されている場合、さらにゲージ圧か絶対圧かを区別する必要があるでしょう。読みやすい図面とするには、単位系も統一して表記しなければならないのです。

使用する単位はSI単位

近年はSI単位系への移行が進み、大部分がSI単位で表記されるようになっている。しかし、工業界に浸透している工学単位系の使用や、慣例的に用いられている外国単位系との併用がまだ多く見られるため、これらを取り扱う場合には注意が必要である。

COLUMN 「注記」に忍ばせる技術

図1-9では、「(注)」として8項目が記載されています。これは注記といい、検査指示、検査手順、表面処理指示、必要な硬度、加工時における注意事項などの文章のほか、例えばカムなどの部品ではカム曲線の数式などが必要に応じて記述されます。CADが普及し、世界的な標準化が進められると、こうした2次元技術情報はCADで作成されるモデルデータに埋め込まれるようになります。しかし、この注記は日本語で記述されているうえに、設計者と加工者の間の相互共通理解に基づく内容(暗黙知)を含んでいるため、そのすべてをモデルデータに埋め込むのは少し難しいといえるでしょう。ここには、他社には真似できない技術が記述されているかもしれません。

1-10 図面に示される単位（標準化と図面③）

COLUMN 機械設計・製図の中にある「武士道」をみる！

海外の友人に「なぜ日本の製品は、機能に優れていて壊れにくいのか？ たとえ故障しても、すぐに修理してもらえる。これは武士道が関係しているのか？」などとたびたび問われます。品質が高いとされる日本のモノづくりを学ぼうとしているのかもしれません。多くの優れた製品をつくり出してきた日本企業は、拝金主義ではなく、現地の人たちに技術を教え、その地域や人々が豊かになり発展することが自分たちの成長につながると考えてきたようです。この精神はまさに「武士道」といえるでしょう。

「武士道」を知るには、新渡戸稲造氏の著書「Bushido: The Soul of Japan」が手がかりになります。この書によって、日本人の規範の1つに「武士道」があること

が世界中で知られるようになりました。そこに示されている行動規範は、現代でも通用するもので、技術者に求められる設計意図の動機付けの1つとしても、また技術者の行動規範としても適合します。

「武士道」は、日本古来より身近にあった仏教、神道、儒教の3つの思想がもととなっており、これらが理論体系化されたものだと捉えることができます。新渡戸氏によれば、「武士道」の中核をなす徳目は「義」「勇」「仁」「礼」「誠」「名誉」「忠義」の7徳とのこと。この7徳の基礎的な概念は、機械設計に展開した事例に適合しているのです。

「武士道」を思い出して、機械設計・製図のレベルを一段上げましょう！

▼武士道における7徳目と機械設計の関係

徳目	武士道における意味	機械設計に展開した事例
義	正々堂々と戦う	法令遵守、環境配慮、社会や人に奉仕、技術者倫理
勇	死を恐れない平常心	新技術へのチャレンジ、課題解決のための大胆なアイディア創出
仁	人を慈しむ	相手（ユーザーや作業者）の立場になって考える、作業者への配慮を設計に織り込む
礼	相手を重んじる心	製作協力者や協力工場への尊敬と信頼、専門家や他部署の意見を真摯に聞く、協調性
誠	約束をけして違えない	自己管理とスケジュールキープ、品質保証、納期厳守
名誉	寛容と忍耐の精神	拝金主義でない、コストカット（倹約）、技術者倫理、オンリーワンへの挑戦
忠義	利己心を捨てて社会全体に貢献	人や社会が豊かになるために貢献

Chapter

2

曖昧な図面

　モノづくりにおける図面は、技術文書の1つです。したがって、正確な情報が明確に記載されている必要があります。もしそこに曖昧な内容があると、その図面を用いる工程にミスが発生しやすくなります。

　また、作業者の思い込みにより問題点の発見が遅れがちとなり、問題点が発見されても作業者はいちいち作図者に確認を求めなくてはなりません。これらは、作業効率の観点から極力排除されなければなりません。

　図面は、その図面を使う人のための徹底的な配慮がなされている必要があります。本章では、曖昧な図面となる原因について理解しましょう。

2-1 曖昧な図面となる原因

　図面には、正確さが求められます。曖昧な図面は、作業者の判断ミスを誘起し、工程全体にも影響を及ぼします。

曖昧さの原因とは

　図面の曖昧さは、次のような原因により引き起こされます。

①不適切な図面の表示方法

　断面の表記や詳細部の表記など。

②不的確な指示

　指示の省略など。

③寸法の省略

　寸法不足や重複寸法記載など。

④不適切な規格の省略

　規格の理解不足。

⑤２次元の図面で表現しにくい形状

　上記のうち①〜④は、作図者の手で回避することができます。そのためには「曖昧さがどこに潜んでいるのか」を見抜く力が必要でしょう。実際に加工をする作業者の視点を持てば、これらを回避できるようになるでしょう。

　⑤は、特殊な立体カムや球面・流面などがある構造物を作図する場合です。そもそも２次元の図面に書き表すのが難しい形状ですが、近年はこうした曲面を有する機械部品も用いられるようになってきました。

　かつては、作業者が２次元の図面を見ながら頭の中で３次元形状に変換する必要があり、作図側と利用側の双方に多くの苦労がありました。近年は３次元CADが一般的になり、３次元形状を容易に把握できるようになりました。

2-2 断面の表示による曖昧な図面

図面が製図の規格に従って作図されていても、加工者が作業をするときに不安になる箇所があったり、図面上問題ないように見えても実際に加工すると問題に気付いたりするケースがあります。

設計者の意図か？　設計ミスか？

最も簡単なケースを図2-1に取り上げます。これは、16カ所の穴が円周上に等配（均等配置）で加工されているフタのような部品です。おそらく、この穴にボルトが入れられてケースなどと締結させるのでしょう。

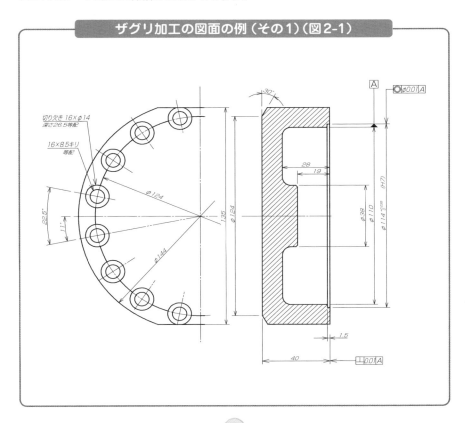

ザグリ加工の図面の例（その1）（図2-1）

2-2 断面の表示による曖昧な図面

　この穴には、ザグリ加工*が切り欠き*として施されています。その深さは、図面に示されているように端面から26.5mmとなっています。一見、問題なさそうです。しかし、実際に加工してみると、切り欠きの穴とフタ内部加工が図2-2に示すように干渉してしまいました。

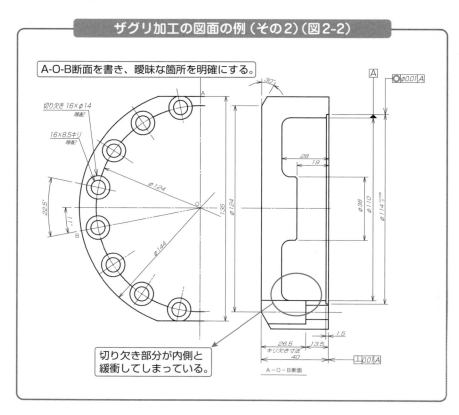

ザグリ加工の図面の例（その2）（図2-2）

　経験豊富な作業者は、図面をひと目見ただけで、干渉することを見抜くかもしれません。しかし、作業者に「設計上問題があるはずがない」という思い込みがあると、加工をしてみてそのときに気が付くことになります。
　そして、この干渉は設計者の意図に合致していて問題がないことなのか、それとも自分の加工ミスなのか、または設計ミスなのか、作業者は不安になるかもしれません。この例では設計ミスなのですが、図2-2のように断面A-O-Bを示すことにより、作図段階でこれに気付くことができるでしょう。

異なる断面形状を図面に示す

　ここで大切なのは、異なる断面形状がある場合、できるだけこれを図に示すことです。そうすることにより、この例のように干渉の有無を図面から容易に読み取ることができ、作業者は安心して加工できるようになります。設計者の頭の中で断面構造が明確であっても、それを図面に示しておく必要があるのです。

　ところで、この干渉に関して、問題回避をするにはいくつかの設計変更が考えられます。図2-3にその例を示しておきます。

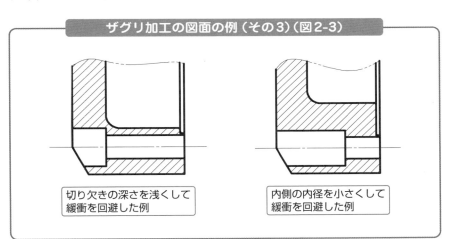

ザグリ加工の図面の例（その3）（図2-3）

切り欠きの深さを浅くして緩衝を回避した例

内側の内径を小さくして緩衝を回避した例

複数の断面形状を示す場合

作業者が安心して加工できるように、異なる断面形状を示す必要がある場合は、できるだけこれを明確に図に示す。設計者は断面構造が明確であると考えても、それを図面に示しておく必要がある。

---

* **ザグリ加工**　ネジ、ボルトなど組み込んだときに、製品の表面から頭が出てしまうのを防ぐために段を設けてネジやボルトの頭が出ないようにする穴加工のこと。
* **切り欠き**　2つの部材を結合させるために部材片側の一部を切り抜く、または切り落とす穴を貫通させない加工のこと。

2-3 不的確な指示による曖昧な図面

　密閉ケースを設計する際に、シールのための機械要素としてよく用いられるのがOリングです。

Oリングの規格を記載する

　Oリング（図2-4）は、目的に応じて円筒面やフランジ面（端面）などの密封（シール）に用いることができます（図2-5）。OリングならびにOリングを設置するOリング溝は、JIS B 2401により規格化されています。

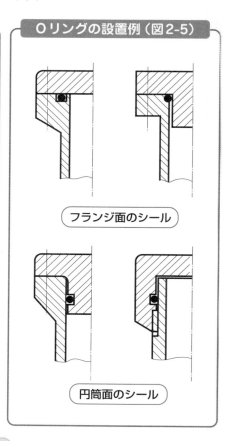

Oリング（図2-4）

目的に応じて円筒面や端面などのシールに用いる。

Oリングの設置例（図2-5）

フランジ面のシール

円筒面のシール

したがって、用いるOリングを指定すれば、Oリングの溝寸法も自動的に決まります。このことから、過密な図面では、溝寸法の表記を省略する場合があります。

その際には、例えば図2-6に示すように、Oリングの溝から引き出し線を引き、Oリングの規格「G105」を記載するようにします。作業者は、G105のOリング溝寸法を記憶しているか、またはJIS規格などを見て確認し、加工作業に入ることでしょう。

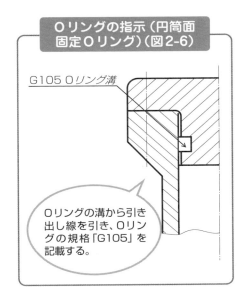

Oリングの指示（円筒面固定Oリング）（図2-6）

Oリングの役割

断面がO形（円形）の環形をした密封用（シール用）機械部品が**Oリング**である。機材への流体の進入を防止したり、内部の流体が外に漏れたりしないように密封する目的で用いる。2つの部品を接触させる箇所において、固定もしくは往復させたいときに、部品同士の隙間からの流体の流出もしくは流入を防ぐ場合に用いる。

2-3 不的確な指示による曖昧な図面

 同じOリングを用いる場合でも溝寸法が異なる

　ところが、図2-7に示すような平面固定用Oリングシールの場合では、加工作業に入れません。このような容器の端面に溝を施し、そこにOリングを設置する平面固定用シールでは、「容器の内部が外部に対して圧力が高いか低いか」によって、基準となる寸法が異なるからです。

　つまり、図2-8に示すように、同じG105のOリングを用いる場合でも、容器内が外部よりも圧力が高いか低いかによって溝寸法が異なるのです。これはOリングのシールメカニズムに由来します。平面固定用Oリング溝の場合は、容器内部の流体が外部に漏れないようシールする「内圧用」か、容器内に外部の流体が侵入するのを防ぐようにシールする「外圧用」かを明記する必要があります。

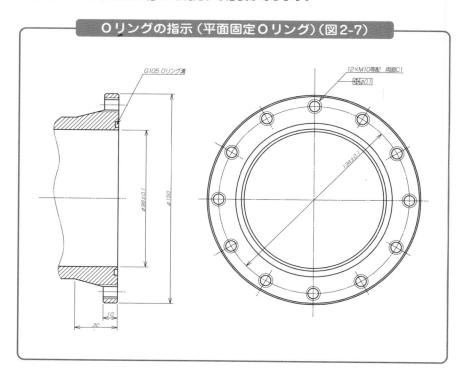

Oリングの指示（平面固定Oリング）（図2-7）

不的確な指示による曖昧な図面 2-3

平面固定Oリングの内圧用と外圧用の寸法の違い（図2-8）

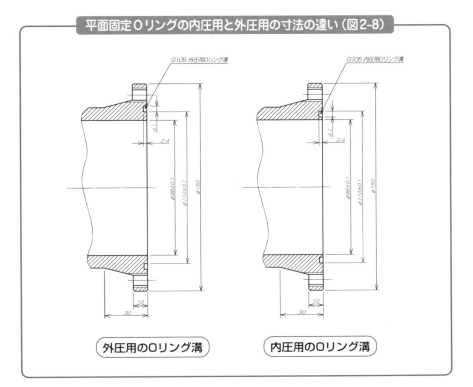

外圧用のOリング溝　　　内圧用のOリング溝

溝寸法の表記

過密な図面では、溝寸法の表記を省略する場合がある。しかし、同じOリングを用いる場合でも、容器内が外部よりも圧力が高いか低いかによって溝寸法が異なる。平面固定用Oリング溝の場合は、内圧用か外圧用かを明記する必要がある。

2-4 寸法の省略による曖昧な図面

寸法表記は、省略せずに過不足なく記載することが重要です。ただし、混み合った煩雑な図面では、明確な箇所や同様な箇所が多数ある場合などは、見やすくするために省略して表記する場合があります。

加工作業者の疑念？

図2-9に示すプレートの穴加工では、同じ直径の穴が2個ずつあります。そして、注記に指示のないすべてのカド部は、面取り幅1.0で面取り*するように指示しています。

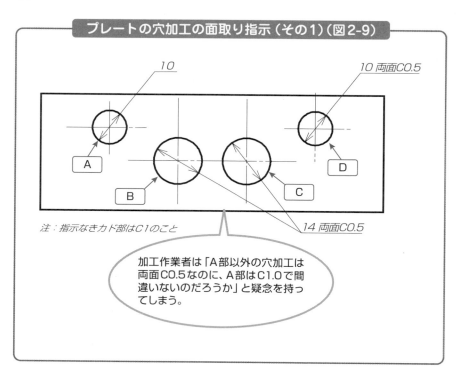

プレートの穴加工の面取り指示（その1）（図2-9）

注：指示なきカド部はC1のこと

加工作業者は「A部以外の穴加工は両面C0.5なのに、A部はC1.0で間違いないのだろうか」と疑念を持ってしまう。

寸法の省略による曖昧な図面 **2-4**

　穴部の加工に関しては、B部、C部、D部はプレートの両面で面取り幅0.5の面取り加工をするよう指示があります。この図面をそのまま信じる場合、加工作業者は穴加工A部に関して両面C1.0の面取りを行うことでしょう。

　しかし、加工作業者は「A部以外の穴加工は両面C0.5なのに、A部ははたしてC1.0で間違いないのだろうか」と疑念を持つかもしれません。しかも、「A部とD部は、同じ直径で左右の同じ位置にある穴加工なのに、片方だけ面取り幅が違うのだろうか」と勘ぐってしまいそうです。

図面ミスに気付く加工作業者のセンス

　図面は、完成された図面として作業者の手元に届けられているはずです。当然、検図も終了しているに違いないでしょう。そうすると、図面どおりに迷わず加工すればよいことになります。

　しかし、前記のような疑念を抱くと、加工作業者は設計者に問い合わせるでしょう。実は、こういった照会が加工現場から設計部署に少なからず上がってきます。そして、図面の間違いに気付いて事なきを得た、ということがあります。図面ミスに気付く加工作業者のセンスはとても大切です。こういうセンスを持った加工作業者がたくさんいる会社は、設計力と製造力が進歩することでしょう。

寸法を省略しても曖昧にならない図面

　この事例のポイントは、寸法の省略が余計な確認作業を発生させていることです。寸法を省略する場合、それが省略されても図面が曖昧になってはならないのです。この例において、すべての穴加工の面取り幅を0.5とするには、例えば、図2-10のように中心線を引けば、寸法を省略しても曖昧にならないでしょう。

＊**面取り（幅）**　ケガの防止や組み立て性の向上、接触時のトラブルを防ぐために、鋭利な角部を面や局面に加工すること。面取りによって作られる幅を「面取り幅」という。

2-4 寸法の省略による曖昧な図面

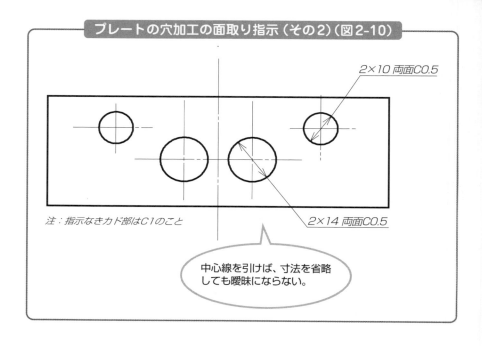

プレートの穴加工の面取り指示（その2）（図2-10）

ポイントアドバイス

寸法の省略が招く余計な確認作業

図面は、完成された図面として作業者の手元に届けられているはずである。しかし、寸法の省略が加工作業者に疑念を抱かせるなどの余計な確認作業を発生させる。寸法を省略する場合、それが省略されても図面が曖昧になってはならない。

2-5 寸法の重複による曖昧な図面

寸法や寸法線、寸法補助線などが不足していると曖昧な図面になることを述べましたが、逆に重複して記入しても曖昧さが出てしまいます。

混乱のもととなる図面表示

図2-11に示すような**面取り寸法**を考えてみます。丸い棒の端面カド部に面取り幅1mmの面取りを指示しています。この指示を図2-12のように図中に記載すると、加工作業者は混乱するでしょう。

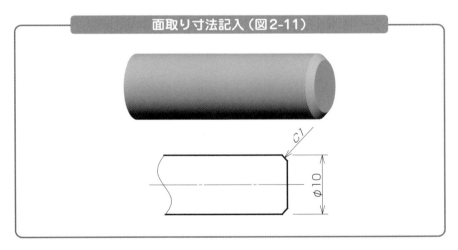

面取り寸法記入（図2-11）

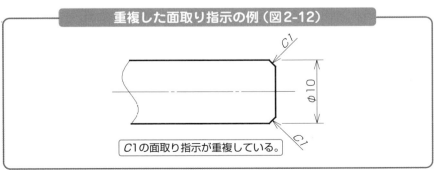

重複した面取り指示の例（図2-12）

C1の面取り指示が重複している。

2-5 寸法の重複による曖昧な図面

　作図者は加工作業者に最大限の配慮をすべし、とこれまでも説明してきました。この重複指示は、「加工者への配慮から来る親切心」「だめ押しのつもりの強調」「念には念を入れて指示する慎重さ」のどれにも当てはまりません。ただ混乱のもとになるだけです。

　図2-13に示す角柱の面取り指示の例を見れば、その理由がわかると思います。ここでは、面取り指示を2カ所記入しています。それは、面取りをする箇所が2カ所あるからです。そして、寸法表記は「φ10」ではなく「□10」と記入しています。これは、端面の形状が1辺10mmの正方形であることを意味しています。

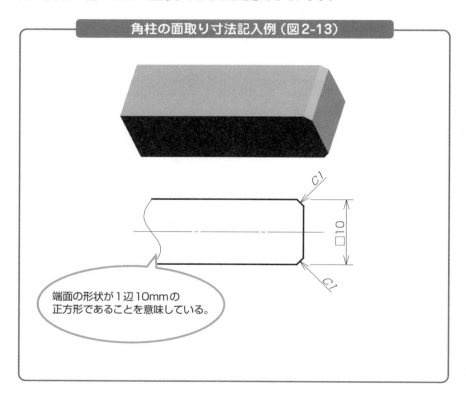

角柱の面取り寸法記入例（図2-13）

端面の形状が1辺10mmの正方形であることを意味している。

重複した指示による時間と労力の浪費

　図2-12の図をもう一度見てみましょう。この図から、面取り処置が必要であることはわかるのですが、面取り指示が重複しているので、加工者は「面取り箇所が2カ所ある」と認識します。

　しかし、寸法表記は「φ10」となっているので、どのように加工すればよいのかわからなくなるでしょう。自分がどこかでミスしたのではないかと何度も確認したあと、作図者に問い合わせることになるかもしれません。この重複した指示により、時間も労力も大幅に失うことになるのです。

 ## 隠れ線からは寸法線を引かない

　面取り指示方法には、いろいろな表記が許容されています。図2-14に面取り寸法の記入例を示します。また、図2-15に丸み付けの加工に関する記入例を示します。

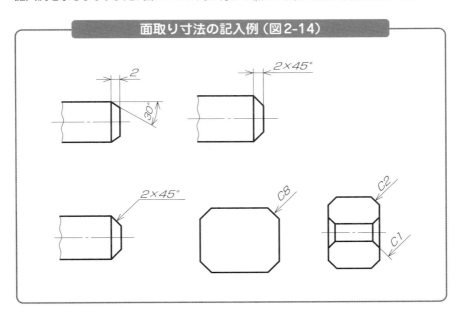

2-5 寸法の重複による曖昧な図面

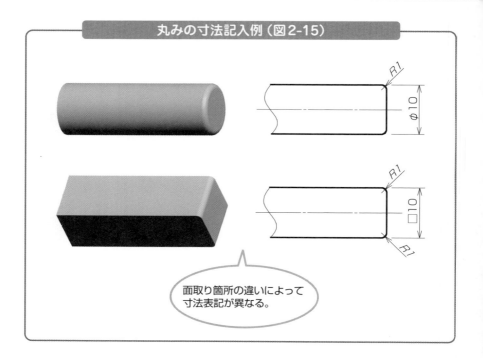

丸みの寸法記入例（図2-15）

面取り箇所の違いによって寸法表記が異なる。

　図2-16にハウジング部品の例を示します。この図においても、図中のA、B、Cの寸法が重複して記入されています。これも前述の例と同様に、重複している寸法表記のそれぞれが別の箇所の寸法を指示しているように見えるので、混乱を招きます。このような図面も曖昧な図面であり、よくない図面といえるでしょう。

　また、Bの寸法表記は、隠れ線から寸法線を引き出して記入しています。このように「隠れ線から寸法線や寸法補助線を引いて寸法を記入する」ことも、曖昧な寸法指示となるので避けなければなりません。

寸法の重複による曖昧な図面 2-5

重複した寸法記入の例（図2-16）

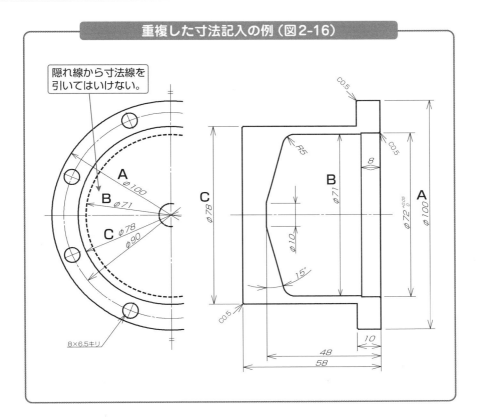

寸法線や寸法の表記

寸法線や寸法補助線を省略するときは、省略した箇所の寸法が明確になるようにする。同じ箇所の寸法を重複して記入してもいけない。また、隠れ線から寸法線や寸法補助線を引いて寸法を記入することも、曖昧な寸法指示となる。

2-6 ねじの指示の曖昧

ねじは、最も基本的な機械要素部品の1つです。ほとんどの機械に用いられていますが、ねじの不良による重大な事故も発生しています。

⚙ ピッチを呼び径と一緒に記載する

　ねじはいろいろな種類があり、用途に応じて使い分けられています。締結に用いられる三角ねじは、JISではメートルで規格化されていて**メートルねじ**といい、JIS B 0205に示されています。

　さて、既出の図2-7にはM10のねじが12カ所示されていました。この図面によりM10のねじを加工することは可能でしょうか。実はここに曖昧さが潜んでいます。JISでは、従来よりメートルねじを細目と並目の2種類に分類して規格化していました。

　並目ねじは、呼び径*に対してピッチが決まっていますが、**細目ねじ**は、同じ呼び径でもいくつかのピッチがあって選ぶことが可能です。例えば、M10の並目ねじのピッチは1.5です。これに対して細目ねじでは、0.75、1.00、1.25の3種類があります。そこで、ねじの図中表記において、細目ねじに関しては「ピッチを呼び径と一緒に記載する」ことになっています。

COLUMN　武士道「義」を知る！

　「義」は、武士が最も重んじた徳目で、自分がどのような行動をとるか決める力であり、卑劣な行為や不正をけしてせず、自分の身の処し方を道理によって決める決断力のことです。これは、技術者倫理に直結する概念で、技術者に求められる基本事項です。図面の中の曖昧な箇所をそのままにしておいたり、検査指示を省略したりすれば、重大な事故につながりかねないのです。

＊**呼び径**　ボルトやパイプなどの外径や内径を表すもので、規格値をきりのよい数字でわかりやすく表現したもの。

細目ねじと並目ねじの表記上の注意

　図2-7では、ピッチが表記されていないので、並目ねじということになりそうです。もしこれが並目ねじであるならば、加工作業者はこのねじ穴を加工することができるでしょう。

　しかし、もしも細目ねじで作図者がピッチの記載を忘れていたならば、並目で加工したねじに細目のねじは使えないので工作物はお釈迦＊になってしまいます。

　そして、このエラーを防ぐためには、細目と並目の表記上の注意を喚起する必要がありそうです。現在、JIS B 0205-2の中の「呼び径及びピッチの選択」として、メートル細目ねじとメートル並目ねじは、1つの表に整理されています。現場では細目と並目が十分に浸透している現実があるので、実際問題として「ピッチの指示がなければ並目、ピッチの指示があれば細目」と判断されるでしょう。そして、過去の図面はすべてそのように記載されていて、ピッチの記載のないねじが多く登場するのです。

メートル並目ねじと細目ねじの表記

ねじの図中表記には、ピッチを呼び径と一緒に記載することになっている。ただし、メートル並目ねじは同一呼び径に対し、ピッチがただ1つ規定されているので、一般にピッチの記載が省略される。細目ねじと並目ねじが十分に浸透している現実があることから、実際問題として「ピッチの指示がなければ並目ねじ、ピッチの指示があれば細目ねじ」と判断される。

＊**工作物はお釈迦**　「お釈迦になる」という表現は、モノづくり現場ではよく使われる。阿弥陀様の像を鋳るはずのところ、誤ってお釈迦様の像を鋳てしまったことから、つくり損ねた製品や不良品を出してしまったとき、あるいは使い物にならなくなってしまった物を指して、「お釈迦になる」という。モノづくりから出たユニークな表現。

2-7 立体カムの曖昧な図面

立体カムは、2次元の図面では表現しにくい機械要素の1つといえるでしょう。

カム曲線を添付するか、カム曲線の関数を図中に明記

図2-17に示すような円筒カムは、3次元CADを用いればその形状を容易に把握できますが、2次元図面では表現しにくい形状です。このカム翼を加工するためには、**NC**＊（数値制御）**工作機械**を用います。

場合によっては、マシニングセンタを用いてワンチャック＊で仕上げてしまうこともあるでしょう。NC工作機械は、NCデータの入力により自動的に加工をする機械です。

また、**マシニングセンタ**とは、「多くの種類の刃物を備えていて、制御可能な自由度は3～5軸」といったNC工作機械をいいます。図2-17の円筒カムを作成するために、加工作業者は、図面からNC工作機械へ入力するGコードを作成します。

円筒カムの外形（図2-17）

＊**NC** 　　　　Numerical Controlの略。
＊**ワンチャック** 　複雑な機械加工において加工物を固定するチャックを1度も外さずに部材を削り切ること。精度の高い加工ができる。

CAM *を用いると、もっと簡単に工作を行えます。CAMにおける処理は、まず、3次元CADデータと加工の条件から刃物の動きを記述する**CL*データ**を作成します。このCLデータから対象とする工作機械用のNCデータを作成し、このデータをNC工作機械に読み込ませて加工を行います。これらの工程は、3次元CADのモデルデータから完成品ができあがるまで自動で行われます。

　このことから近年は、2次元図面に、3次元図面あるいは3次元CADにより作成された3次元モデルデータを添付することが一般的になってきました。円筒カムの図面ならば、カム翼の加工に必要なカム曲線を添付するか、カム曲線の関数を図中に明記すればよいでしょう。そうすることにより、作業者はNC工作機械で目標の工作物を作成することができます。例えば図2-18では、カム翼の基準点を図中に示し、回転角度に対する軸方向の変位を関数として示しています。

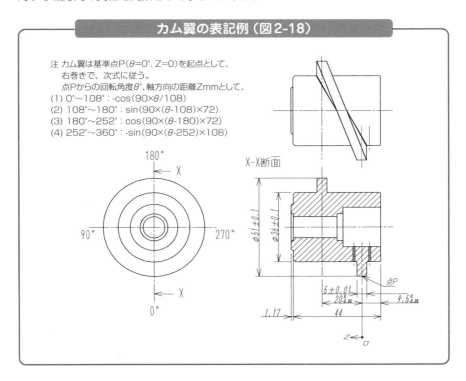

カム翼の表記例（図2-18）

注 カム翼は基準点P(θ=0°, Z=0)を起点として、右巻きで、次式に従う。
点Pからの回転角度θ、軸方向の距離Zmmとして、
(1) 0°〜108°: $-\cos(90 \times \theta/108)$
(2) 108°〜180°: $\sin(90 \times (\theta-108) \times 72)$
(3) 180°〜252°: $\cos(90 \times (\theta-180) \times 72)$
(4) 252°〜360°: $-\sin(90 \times (\theta-252) \times 108)$

* **CAM**　Computer Aided Manufacturingの略。
* **CL**　Cutter Locationの略。

2-8 曖昧な図面の予防法

曖昧な図面の顕著な事例をいくつか示しましたが、曖昧な図面を書いてしまう原因は至る所にあります。

現場を知る

これまでに紹介した事例から、曖昧な図面を書かないで済むための鉄則が見えてくると思います。図面は、その図面を使って作業をする人の視点で書かれていなければなりません。

例えば、図面を加工に用いるのであれば、加工方法を知らなければ曖昧さを取り除くことはできないでしょう。また、作業者がどのような段取りで作業を進めるのか、ということも知っておく必要があります。現場を知ることが曖昧な図面の予防法になるのです。

規格を頭の中で正しく整理する

規格の理解が足りないと、誤った指示あるいは曖昧な指示として図面に記載してしまうことになります。技術者は、規格を頭の中で正しく整理しておかなくてはなりません。規格改正にも注意を払い、情報が誤って伝達されないように配慮することも大切です。これにより、思い込みもなくすことができ、曖昧な図面の出図を防ぐことができます。

ポイントアドバイス

曖昧な図面を書かないための鉄則

加工に用いる図面であれば、加工方法を知らなければ曖昧さを取り除くことはできない。また、加工作業者がどのような段取りで作業を進めるのか、つまり現場を知ることが、曖昧な図面の予防法になる。規格の理解も足りないと、曖昧な指示として図面に記載してしまう。規格を頭の中で正しく整理しておくことが大切。

Chapter 3

加工を考えた図面

製作図面は、加工に最大限の配慮がなされている必要があります。なぜなら、加工に多くの時間がかかったり、加工ミスでつくり直しになったりした場合、その原因がどこにあるにせよ、結局、一番困るのは出図元だからです。これらはできる限り避けなければなりません。

所望の物ができあがらなければ、納期や製品製造スケジュールなどに大きな影響が出ます。これらを防ぐには、加工作業への配慮が重要です。本章では、図面中における加工への配慮の考え方について理解しましょう。

3-1 加工と図面の関係

設計者が所望の物を製図し、それを加工業者に提出して製作をお願いすること
を考えてみましょう。

経営に重大な影響を及ぼす図面

業者は図面をもとに加工工程を算定し、使用する工作機械の使用時間や技術的な難
度を考慮し、製作代の見積りと納期を連絡してくるでしょう。ここには、専門家として
の目と判断があります。

例えば、加工単価を安く見積ったにもかかわらず、実際の加工には多くの時間を費や
してしまうと、工作機械は他の加工作業ができず、作業者の人件費もかかるので、会社
は赤字になってしまうかもしれません。また、加工が難しくて何度も失敗すると、材料
代が増加してやはり赤字になってしまうかもしれません。

余裕を持って高額な請求や長い納期設定をすれば、より安くて短納期の他の業者に
お客様をとられてしまうかもしれません。自社の持っている技術と設備に対して、図面
から評価される見積りと納期は、会社の経営に重大な影響を及ぼすのです。

適切な図面かどうか十分に精査する

出図する側にも同じことがいえます。不必要な高精度の公差を指定したり、重複した
検査項目を増やしたりすれば、コストは上昇し、納期は長くなるでしょう。図面の中に
記載する寸法値や公差の「0」の数字が1つ増えるだけでも、製作代や納期は大きく変
わります。

所望の物を適切な価格と時間で製作するには、加工への配慮が必要なのです。設計・
製図には、適切な公差設定、加工作業で失敗しにくい配慮、加工しやすい配慮がなされ
ている必要があります。

加工困難な指示のある図面、加工のために特殊な治具・工具が必要となる図面、難度
の高い加工を要求する図面は、それが適切かどうか十分に精査しなければならないの
です。

加工と図面の関係 3-1

COLUMN　手書き製図とCAD

CADは大変便利で、設計・製図作業の効率化に大きな役割を果たしています。今日、機械製図にCADを使用しない企業はほとんどないでしょう。では、手書き製図はなくなるのでしょうか？　大学や高専、工業高校などの教育機関では、手書き製図の実習は不要でしょうか？

技術者は、「CADがないからデザインレビューはできない」とか「コンピュータがなければ図面は書けない」などと言っていられないでしょう。社会の基盤をつくるのに、どんな環境下でも紙と鉛筆で情報伝達できなければなりません。また、製造現場では作業をしながら図面にメモを書き込むことがあります。こうしたことから、手書きで製図できるスキルは必要です。

一方、コンピュータ技術の進歩から、上記のようなことも手軽なタブレット端末でできるようになり、近い将来はやはりCADが取って代わるのでしょうか。

製品の仕様諸元をコンピュータに入力するだけで製図・出図し、加工も自動的に実行する「自動設計」は、残念ながら不可能です。人間の創造力、問題発見・解決能力は無限であり、現代のコンピュータでは対応できません。CADの上手な使いこなしが大切なのです。

▼人間とCAD

人間	作業内容	CAD
人間が不得意	図形の作成と表示	コンピュータが得意
	質量や強度の計算	
	部品相互の干渉チェック	
	幾何形状の数値化	
人間では困難	数値化データの加工データなどへ変換／引き渡し	
人間が得意	設計上の問題点発見と解決	コンピュータでは不可能
	製品の創造・開発	

3-2 軸の加工
（加工が困難な図面①）

クランク軸を加工することを考えてみます。

物理的に実現が難しい図面

図3-1に示す**クランク軸**を加工する場合、φ16±0.003の旋削加工は、困難であると考えられます。

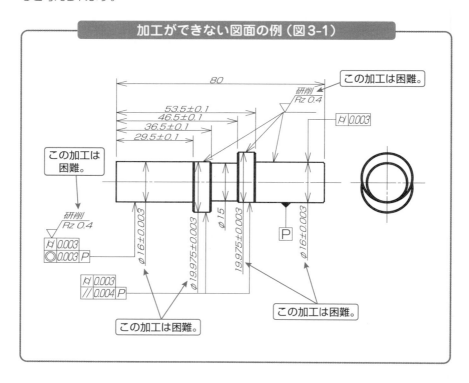

加工ができない図面の例（図3-1）

また、この部分の表面粗さを指示どおりに製作することも、研削加工を指定どおりに行うことも困難でしょう。それは、図3-2に示すように、段があるカド部まで完全にサイズ公差と幾何公差と表面粗さを実現することが物理的に難しいからです。

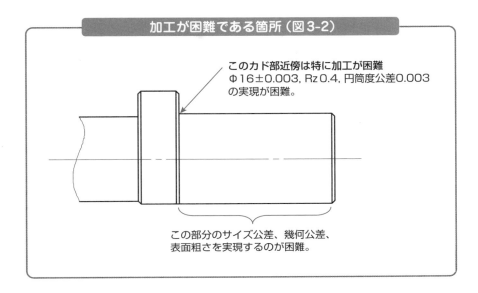

加工の条件が同じになるようにする

　そこで、図3-3に示すように、刃物や砥石、検査器具の**逃げスペース**を確保しておくと、公差や表面粗さの実現が容易になります。

　サイズ公差だけでなく、幾何公差や表面粗さなどにも精密さが要求されている場合は、切削条件など加工の条件がまったく同じになるよう、所望の要求箇所の両端を段付けにして、刃物をスライドさせるようにするとよいでしょう。

　刃物や砥石を被削材に押し当てたり離したりすると、表面の性状や寸法に狂いが生じるからです。そして、このような配慮を反映させると、図面は図3-4のようになります。

3-2 軸の加工（加工が困難な図面①）

バイトの逃げ（図3-3）

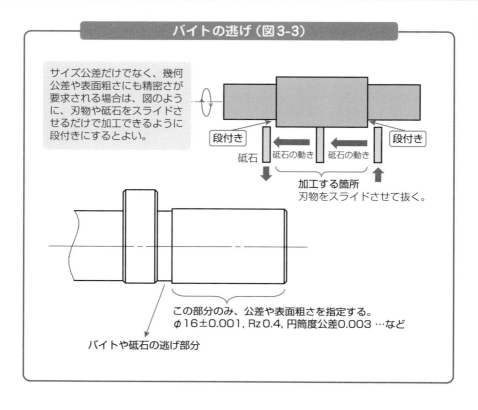

サイズ公差だけでなく、幾何公差や表面粗さにも精密さが要求される場合は、図のように、刃物や砥石をスライドさせるだけで加工できるように段付きにするとよい。

段付き
砥石
砥石の動き
加工する箇所
刃物をスライドさせて抜く。

バイトや砥石の逃げ部分

この部分のみ、公差や表面粗さを指定する。
φ16±0.001, Rz 0.4, 円筒度公差0.003 …など

加工のための図面の鉄則

図面は、適切な公差設定、加工作業で失敗しにくい配慮、加工しやすい配慮がなされている必要がある。加工困難な指示のある図面、加工のために特殊な治具・工具が必要となる図面、難度の高い加工を要求する図面は、それが適切かどうか十分に精査しなければならない。

3-2 軸の加工（加工が困難な図面①）

クランク軸の図面表記例（図3-4）

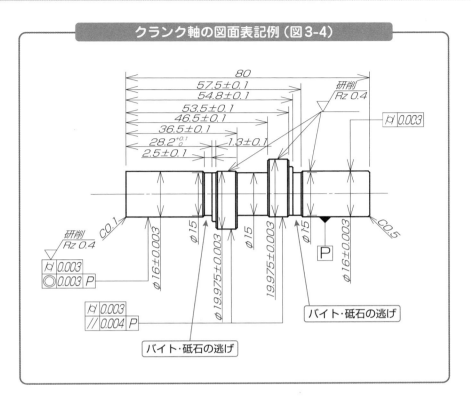

精密な加工を示す図面

サイズ公差と幾何公差と表面粗さを精密に実現することが物理的に難しい場合は、バイトや砥石、検査器具の逃げスペースを確保しておくと、表面の性状や寸法に狂いが生じなくなり、公差や表面粗さの実現が容易になる。

3-3 熱処理
（加工が困難な図面②）

図面に熱処理を指示する場合は、使用する材料や目的などによる適切な処理方法を理解することが必要です。

熱処理の方法

熱処理には、図3-5に示すようにいろいろな方法があり、材料や目的、処理したい箇所によって使い分けます。したがって、これらの処理がどのように行われるのか知らなければ、図面中で実施困難な熱処理を指示してしまうことになりかねません。

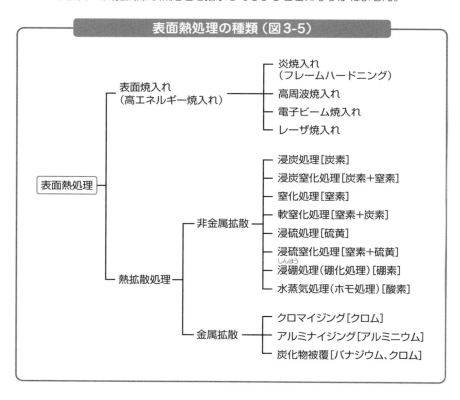

熱処理(加工が困難な図面②) 3-3

材質や加工によって表面処理の方法は異なる

　図3-6に示すピストンヘッド部品を用いた事例を見てみましょう。この図には、焼入れ箇所の指示があります。これは、表面硬化によって摺動(しゅうどう)性を高めるための熱処理です。図中の二点鎖線部分（φ17、端面から28.5）の円筒面に焼入れをしたいのです。もちろん、材質が何であるかによって、加工や表面処理の方法は異なります。

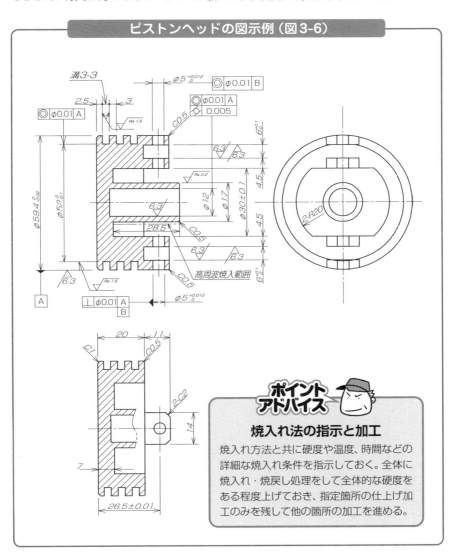

ピストンヘッドの図示例（図3-6）

ポイントアドバイス
焼入れ法の指示と加工

焼入れ方法と共に硬度や温度、時間などの詳細な焼入れ条件を指示しておく。全体に焼入れ・焼戻し処理をして全体的な硬度をある程度上げておき、指定箇所の仕上げ加工のみを残して他の箇所の加工を進める。

3-3 熱処理（加工が困難な図面②）

例えば、材料指定でSCM435やS45Cといった材料を用いることになっていれば、焼入れによる摺動性能の向上が見込めます。一方、焼入れに適さない材料もあります。例えば、SS400を焼入れして用いることは通常ありません。

SUS材に関しては、成分比率により多少処理が異なりますが、固溶化熱処理や析出硬化処理を行います。また、アルミニウム系の場合は、アルマイト処理による表面改質が有効な場合もあります。

不可能な焼入れ法を図面上に指示しない

図3-6のケースですが、指定の部分を硬化させるにはどうしたらよいでしょうか。部品の一部分だけを熱処理する場合によく用いられるのが**高周波焼入れ**です。図中には、図3-7（a）のような注記を入れておくとよいでしょう。

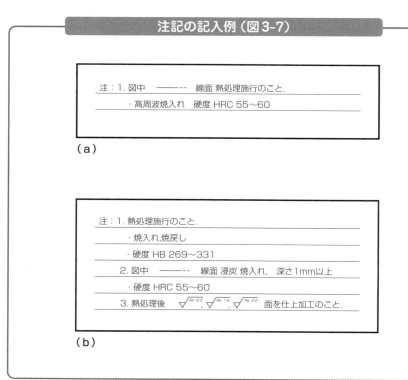

注記の記入例（図3-7）

熱処理（加工が困難な図面②） 3-3

　同時に硬度も指示しておくか、温度や時間といった詳細な焼入れ条件を指示しておくのもよいでしょう。熱処理をしてしまうと表面硬化により、切削や研削、研磨がしにくくなります。

　また、加工などによる残留応力が解放されて、部品に変形が生じることもあります。これらを防ぐには、必要な部分のみの焼入れ処理が可能な高周波焼入れが大変有効です。

　ところが、この円筒面に高周波焼入れ処理を行うことは困難です。高周波焼入れには、高周波を発生させるためのコイルを設置する必要がありますが、この部品には十分な設置スペースがありません。これでは、加工作業者は困ってしまいます。実際には不可能である高周波焼入れを図面上で指示していることになります。

加工上の工夫をする

　部品全体に焼入れ処理をしてしまうことは、考えられないでしょうか。仕上げ加工後に焼入れをすると、前述のとおり変形が生じる恐れがあるのでよくありません。焼入れ後の加工もできるだけ避けたいところです。

　こういった場合、次のような工夫によることも考えられます。すなわち、全体に焼入れ／焼戻し処理をして全体的な硬度をある程度上げておきます。そして、指定の箇所の仕上げ加工のみを残して他の箇所の加工を進めます。その後、二点鎖線部分に表面処理を施します。

　最後に、指定箇所の仕上げ加工を行うのです。図3-7（b）に示すような注記を入れておけばよいでしょう。このピストンヘッドの図にはRa 0.2の指示があるので、研磨が入ります。この研磨を最終工程で行うのです。

3-3 熱処理（加工が困難な図面②）

自社の設備や技術の得意・不得意を把握する

　いくつかの熱処理について例を示しましたが、これらはコストや納期に大きく影響を及ぼします。自社の設備で可能なのか、外部業者に委託する必要があるのか、によっても選択は分かれるでしょう。

　したがって、慎重な検討が必要となります。図面の指示を記入する際には、自社の設備に関する知識や、自社技術の得意なところ、不得意なところを把握している必要があります。実践的な図面は、静かな製図室に籠っていては書けないのです。

金属材料の性質を変える

熱処理（heat treatment）では、金属材料に対して機械的・物理的・化学的性質などを改善することを目的として、一定の条件のもとで加熱や冷却をする。熱処理の種類には、加熱と冷却の操作の違いから、焼なまし（annealing）、焼ならし（焼準ともいう、normalizing）、焼入れ（quenching）、焼もどし（tempering）、時効（aging）がある。

COLUMN　武士道「仁」「誠」を知る！

　「仁」は、相手を思いやる心です。ただ単に優しいのではなく、相手の立場を理解する寛容さも併せ持つ優しさを意味しています。モノづくり現場や機械設計・製図においては、気配り、ユーザー目線の重要性を意味します。

　「誠」は約束を必ず守ることです。武士にとって約束は命よりも重く、たとえ約束が口頭のものであっても、約束を守る強い意志を持つことが大切であると説いています。技術者にとって信頼は極めて重要で、そのための自己管理能力を求めるものです。

　図3-4を見てみましょう。必要な表面性状を得るために、バイトや砥石の逃げスペースを確保しています。そこには、加工作業者に考えさせない「仁」があります。

3-4 JISと旧JISの混在
（加工が困難な図面③）

JIS改正情報に注意しておく必要があります。

 新旧JISが混ざった図面を出図しない

　既出の図3-6には、いくつかの粗さ記号が用いられていました。同じ意味で違う記号が存在するのは、多くの場合、JISの改正に起因します。JISは数年ごとに見直し作業がなされ、必要に応じて改正されていきます。

　したがって、昔の図面を流用して、そこから新たな図面を作図する場合には、新旧JISが混ざった図面を出図してしまう可能性があります。もちろん、これらは新JISに統一されている必要があります。

　しかし、改正の過渡期で現場において新JISが周知されていない場合や、旧JISで書かれている部品を製造するラインに新JISで書かれた部品を一緒に流す際など、新旧JISの混在によるミスの発生を防ぐため、あえて旧JISで統一することもあります。

JISの改正情報にも注意する

　このような環境下では、新旧JISの混在図面が発生する可能性があります。1つの図中や、1つの機械の一連の図面の中では、規格は統一されて用いられているべきです。作図者は、JIS改正情報にも注意しておく必要があるでしょう。

　図3-8、図3-9、図3-10に**算術平均粗さ**と**表面性状**の図示方法を示します。また、図3-11に表面性状の適用例を示します。算術平均粗さは、図3-12のように改正されてきた経緯があります。

　そしてやっかいなことに、**粗さの定義**には、算術平均粗さのほかに**十点平均粗さ**、**最大高さ**などがあり、これらもまた記号と図示記号が改正により変わっています。

　図3-13に粗さの評価パラメータの記号の変遷を示します。十点平均粗さは、最近ではあまり使われなくなりましたが、1994年まで十点平均粗さを示していたRzが、2001年の改正で最大高さを表すことになりました。そして、粗さの図示記号も改正によって変わっています。

3-4 JISと旧JISの混在（加工が困難な図面③）

算術平均粗さの図示（図3-8）

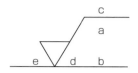

a：通過帯域、または基準長さ、表面性状パラメータ
b：複数パラメータが指示されたときの2番目以降のパラメータ指示
c：加工方法
d：筋目とその方向
e：削り代

a以外は必要に応じて記入。

Raの標準数列（μm）	
0.012	1.60
0.025	3.2
0.050	6.3
0.100	12.5
0.20	25
0.40	50
0.80	

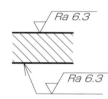
上限のみ指示する場合

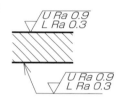
上限・下限を指示する場合

要求事項がない場合の表面性状の図示記号（図3-9）

記号	意味
✓	基本図示記号。意味が"検討中の表面"の場合、または"注記"に特別な説明がある場合だけ、この図示記号を単独で用いることができる。
▽	表面性状の要求事項が付いていない除去加工の図示記号。意味が"除去加工を必要とする表面"の場合だけ、この図示記号を単独で用いることができる。
○✓	除去加工をしない表面の図示記号。前加工が除去加工であっても他の方法であっても、それには関係なく「前加工で得られたままの表面にする」ことを指示するため、この図示記号を図面に用いることができる。

表面性状の図示例（図3-10）

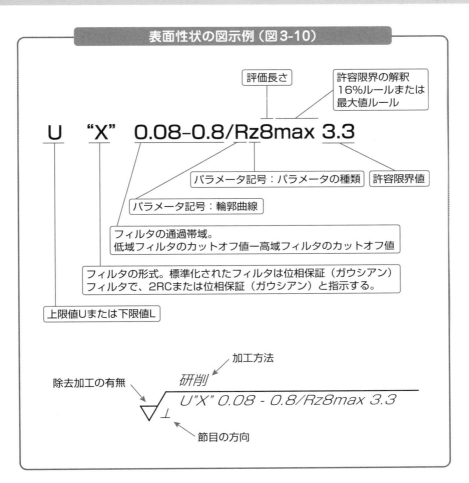

JISの改正情報に注意

新旧のJISが混ざった図面を出図してしまうことのないように、最新の規格内容に統一されているべきである。したがって、作図者は、常にJISの改正情報に注意しておく必要がある。

3-4 JISと旧JISの混在（加工が困難な図面③）

表面性状の適用例（図3-11）

算術平均粗さ：Ra=1.6μm
標準ルール（16%ルール）適用
通過帯域：標準
評価長さ：標準
加工方法：研削
筋目方向：ほぼ投影面に直角

最大高さ粗さ：Rz=0.4μm
最大値ルール適用
通過帯域：標準
評価長さ：標準
加工方法：除去加工しない
筋目方向：要求なし

算術平均粗さ：
　上限値 Ra=50μm
　下限値 Ra=6.3μm
標準ルール（16%ルール）適用
通過帯域：0.008-4mm
評価長さ：標準
加工方法：要求なし
筋目方向：要求なし

算術平均粗さ記号の変遷（図3-12）

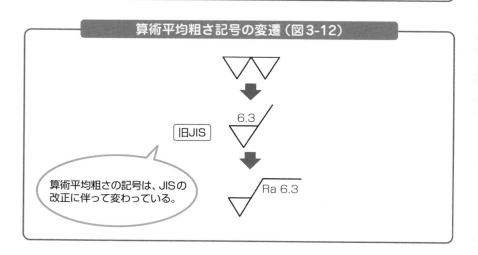

旧JIS

算術平均粗さの記号は、JISの改正に伴って変わっている。

JISと旧JISの混在（加工が困難な図面③） 3-4

粗さの評価パラメータの記号の変遷（図3-13）

	JIS記号		
	JIS B 0601:1982	JIS B 0601:1994	JIS B 0601:2001
算術平均粗さ	Ra	Ra	Ra
最大高さ	Rmax	Ry	Rz
十点平均粗さ	Rz	Rz	Rz_{JIS}

規格の変遷にも注意する

　旧図面を利用する場合は、それが何年に書かれたものなのかを確認しなければ、大きなミスをしてしまうことになります。また、旧図面を利用する場合は、新旧のパラメータを統一するため、異なる粗さのパラメータ間で換算をする必要があるでしょう。

　粗さの定義は、それぞれ異なる評価方法に基づいているので、厳密に正確な換算は不可能です。しかし、おおよその換算は可能です。加工現場での混乱を避けるため、図面中においては粗さのパラメータを統一して書く必要があるのです。

　図3-6中の粗さ記号は、算術平均粗さに統一されています。しかし、図示記号は新旧のものが混在しているので、修正されなければなりません。

　ここでは粗さの指示方法を例として示しましたが、実はほかにもJISの改正年度によって表記方法が異なるものがあります（溶接の指示方法など）。そして、こうした状況はこの先も生まれるでしょう。製図を書く者は、規格の変遷にも注意しておかなければならないのです。

粗さの書き方

粗さの定義は、それぞれ異なる評価方法に基づいているので、厳密な換算は不可能だが、おおよその換算は可能である。加工現場での混乱を避けるため、図面中においては粗さのパラメータを統一して書く必要がある。

3-5 硬さの指示
（加工が困難な図面④）

図面に硬さを示す場合には、その記号や数値を明示する必要があります。

硬さの記号とその意味

図3-6（既出）に記載する注記として、図3-7（既出）に硬さ（硬度）の指示があります。「HB」と「HRC」の2種類の記号の意味は、図3-14に示すとおりです。

硬さの記号と意味（図3-14）

硬さの評価方法	記号	定義
ビッカース硬さ	HV	球を押し込み、圧痕表面積で試験荷重を割って算出。
ブリネル硬さ	HB	四角錐を押し込み、圧痕表面積で試験荷重を割って算出。
ロックウェル硬さ	HRC	先端半径0.2mmかつ先端角120度のダイヤモンド円錐を押し込んだあと、基準荷重に戻したときのくぼみの深さの差。
ショア硬さ	HS	先端にダイヤモンド半球を取り付けたハンマーを用い、ハンマーを落としたときの跳ね返り高さで割って算出。

硬さ試験は統一して考えられない

一般に硬さの定義は難しく、例えば「金属か、樹脂か」といった材質によっても、硬さの概念が若干違ってきます。ビッカース硬さ、ブリネル硬さ、ロックウェル硬さは「押込み硬さ」を評価しますが、ショア硬さは「反発硬さ」を評価します。

金属の組織の違いによる硬さを評価する際には、**ビッカース硬さ**を用います。また、全体的な硬さ評価をするときには、**ブリネル硬さ**や**ロックウェル硬さ**を用います。つまり、目的や材質、表面処理の方法によって評価方法を変える必要があるのです。例えば、表面処理の前後で組織変化が伴う場合は、処理の前後で評価方法を変えることもあります。正確な硬さを評価するために、試験方法を統一することはできないのです。

硬さの指示（加工が困難な図面④） 3-5

COLUMN CAD運用の小さな標準化

筆者は、自身の研究室内でCAD運用における独自の標準化を決めています。ここではその1つを紹介します。それは、CADの**レイヤ設定**です。下図に示すように、研究室内で「どのレイヤで何を書くか」を決めておけば、研究室メンバの誰が書いた図面でも、研究室のどのマシンからでも表示させて活用することができます。

また、先輩から後輩へと図面を引き継いでいっても、問題は起こりません。必要に応じて寸法線を非表示にすることも容易になります。標準化は、正確な情報を迅速に伝達することに役立つのです。

▼CAD運用における標準化例

番号	レイヤ名	コメント	色	線　種	太さ
1	Text_1	テキスト文字	黄緑	————————	●
2	Hid_2	かくれ線	水色	- - - - - - - - -	●
3	Layer_3	図形の外形線	茶色	————————	●
4	Layer_4	図形の外形線	深緑	————————	●
5〜20	Layer_5〜Layer_20	図形の外形線	紫色、他	————————	●
21	DashW_21	太い破線	薄茶	- - - - - - - -	●
22	Dash_22	細い破線	濃灰	- - - - - - - - - -	·
23	Fram_23	輪郭線	黒	————————	●
24	Center_24	中心線	赤	· — · — · — ·	·
25	Dim_25	寸法線	黄緑	————————	·
26	Image_26	想像線	ピンク	· · — · · — · ·	·
27	Hatch_27	ハッチング	青	————————	·
28〜	Other_28	その他		————————	●

3

加工を考えた図面

85

3-6 研磨（作業者にため息をつかせる図面①）

研磨が必要な場合は、研磨を行う前の図面と、研磨を施す仕上げ加工用の図面を用意します。研磨しろの指定には十分な留意が必要です。

生産の効率化を狙った加工図

企業では、1つの部品の製作に関して工程を分けて、工程ごとの図面を用意することがあります。これは、多くの場合、図3-15に示すような**仕上げしろ**によって分けられます。

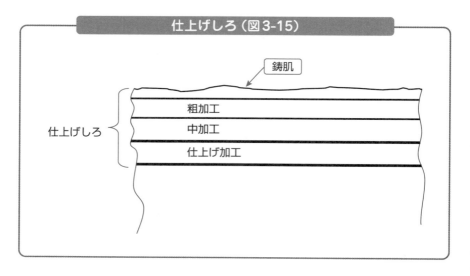

仕上げしろ（図3-15）

例えば、鋳造によっておおよその外形を整えた**鋳物図**、その鋳物から粗加工までを行う**粗加工図**、さらに**中加工図**、**仕上げ加工図**に分けて作図します。

これは、量産部品でよく行われる方法です。すべての個数を仕上げ加工まで終わらせてしまうよりも、途中までで止めておき、必要に応じてすぐに仕上げ加工ができるようにしておくと、修正が入ったときの対応や専門の業者に分散して加工してもらうなどの措置がしやすくなりますので、生産効率の向上が見込めます。

焼きばめによる固定

　FC250などの鋳鉄は、摺動性が良好なので、よく軸受にブッシュとして用いることがあります。図3-16に示した部品も鋳鉄のブッシュです。このブッシュは、軸受などの摺動部を持つ部品です。アルミ製の回転ロータなど、摺動性が悪い材料の内径に、焼きばめにより固定して用います。

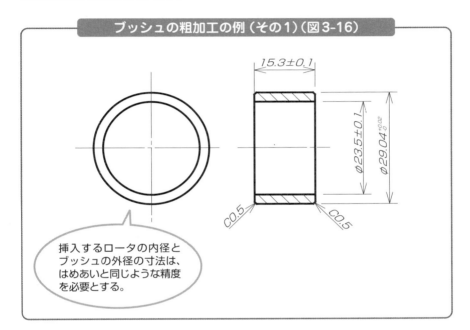

ブッシュの粗加工の例（その1）（図3-16）

　焼きばめとは、電気炉などの加熱装置で部材（ここではアルミの回転ロータ）を加熱して熱膨張させ、内径が大きくなったところへブッシュを挿入し、冷えて収縮し内径が元に戻ることで固定される——というものです。

　したがって、焼きばめをする前のロータ内径は、ブッシュの外径よりも小さくします。焼きばめは、熱膨張による数10マイクロメートルの内径拡大を利用して挿入します。挿入するロータの内径とブッシュの外径の寸法は、はめあいと同じような精度を必要とします。

　ブッシュの内径の仕上げ加工は、焼きばめをする前に仕上げておくこともありますが、ここではブッシュの内径を焼きばめ後に仕上げます。特にこの部分は摺動部なので、研磨が必ず入ります。

3-6 研磨（作業者にため息をつかせる図面①）

 ### 研磨しろの考え方

　ブッシュをまとまった数でつくっておくと、同じ外径の軸の軸受ブッシュとして活用できそうです。そして、必要に応じていろいろな部品に逐次、焼きばめをして使うのです。

　その場合、研磨を行う前の図面と研磨を施す仕上げ加工用図面の両方を用意します。特に、研磨専門の外注業者に委託する場合は、仕上げ前の素材である図3-16でできあがった部材と、図3-17の仕上げ加工の図面を渡して、依頼することになります。

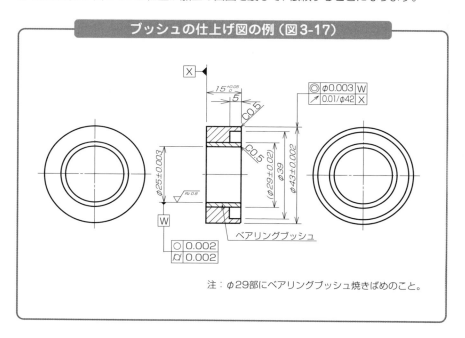

ブッシュの仕上げ図の例（図3-17）

　この依頼に対しては、予想以上にコストと時間がかかってしまうでしょう。そして、加工者のため息が聞こえてきそうです。図3-16と図3-17のブッシュの内径を比べると、**研磨しろ**は1.5ミリあります。

　これは、大きすぎるといわざるを得ません。削りしろ、研磨しろは、適切に見込む必要があります。鋳鉄を研磨で1ミリ以上削り落とすのは大変な作業なのです。実際に自ら研磨作業を行ってみると、その作業がどれほどのものなのか理解できるでしょう。

そして、加工に要する時間は、そのままコストに跳ね返ってくるのです。ここでは、研磨しろを図3-18に示すように0.5ミリほど見込めばよいでしょう。

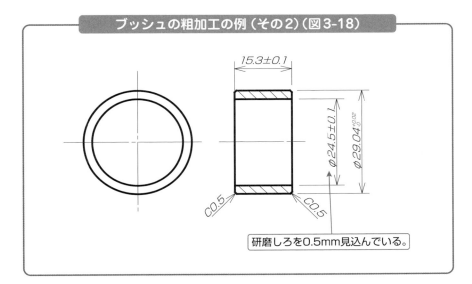

仮に削りしろを1.5ミリ残していたとしても、「0.5ミリまで切削加工を行い、そののちに研磨を行う」ように図面上で指示しておけばよいかもしれません。

しかしながらその場合、研磨専門の業者には依頼しにくいですね。図面は、加工方法に合った配慮がなされていなければならないのです。

研磨しろは適切に見込む

部品の加工では、研磨しろを適切に見込む必要がある。その際には、切削加工を併用するなど、実際の加工作業の実情に即した配慮が必要である。研磨などの加工に要する時間は、そのままコストに跳ね返ってくる。

3-7 穴加工
（作業者にため息をつかせる図面②）

困難な穴加工の場合があります。その際は、加工の段取りを頭に浮かべながら作図する必要があります。

ロングドリルが必要な場合

標準的な工具で加工するのが困難な場合があります。例えば、図3-19に示すような、加工した箇所が円筒部品の底面付近にあり、長いドリルが必要な場合です。

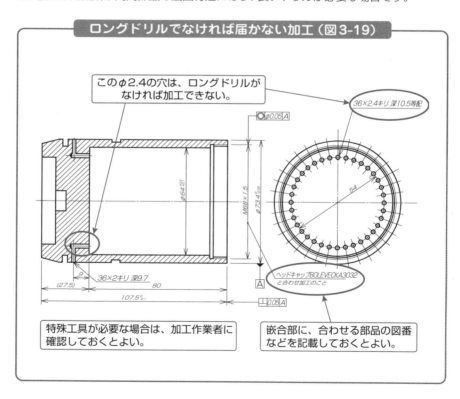

ロングドリルでなければ届かない加工（図3-19）

これは、標準的な工具では加工したいところに刃が届かないので、ロングドリルを用意する必要があるでしょう。そして、工具が用意できたとしても、穴径が小さい場合はドリルの直径も小さくなるので、ドリルの微妙なたわみが加工の障害となり、また、中心軸が振れるなどして精度のよい加工を行うのが難しくなります。

こうした場合は、事前に加工作業者とよく相談する必要があるでしょう。そして設計者は、標準工具で加工できるように部品の分割などの設計変更をするか、専用の治具を一緒に開発してそれを用いるか、あるいは加工作業者の腕を頼るか、決断しなければならないでしょう。

いずれにしても、このままの図面を当然のように出図するだけでは、順調に製作を進めることはできないでしょう。専用治具の開発はもちろんのこと、部品の分割に関しても、その部品の製作コストに大きな影響を与えるので、細心の注意が求められます。まさに設計力が重要なのです。

長穴の場合

前述のロングドリルが必要なケースでも問題となりましたが、**長穴**を加工する場合にも、軸心の振れによる加工精度の低下に気を付ける必要があります。図3-20に示すように、長穴を開ける設計は、その部品の機能上問題がないのであれば、短い穴加工に変更します。「図面どおりに加工できない加工作業者が悪い」という発想ではなく、最大限に加工しやすくなるような配慮を常に心がけるべきです。

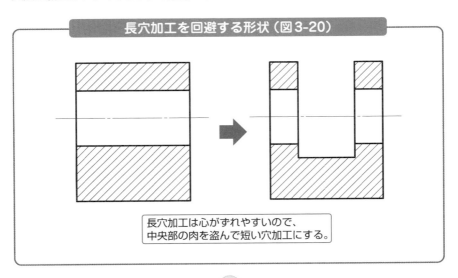

長穴加工を回避する形状（図3-20）

長穴加工は心がずれやすいので、中央部の肉を盗んで短い穴加工にする。

3-7 穴加工（作業者にため息をつかせる図面②）

 斜め穴の場合

図3-21に示す部品（軸受）には、φ1の給油用の穴があります。この穴は少し注意が必要です。ここでは次の2点を検討すべきです。

①小径の穴加工は、軸心が振れやすい。
②斜め穴の加工は、ドリルの先端が滑りやすい。

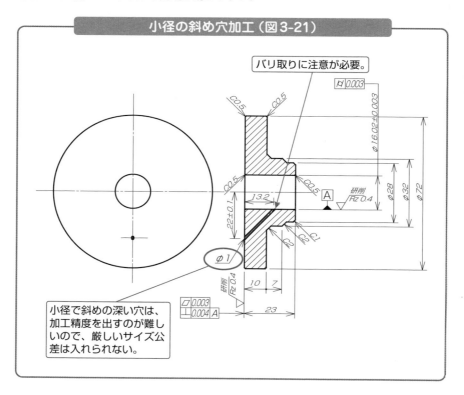

小径の斜め穴加工（図3-21）

①については前項でも述べましたが、小径の比較的長い穴の加工は、被削材料によって差はあるものの、一般に慎重な加工が要求されます。したがって、穴位置のサイズ公差を厳しく指示すると、加工が困難になります。逆にいえば、サイズ公差や幾何公差を厳しく指示できない箇所なのです。

②に関しても同様に、加工精度に大きな影響があります。ドリルの刃の材質や被削材料の材質をよく検討したうえで、可能なら図3-22に示すような設計上の工夫をすると

よいでしょう。すなわち、ドリルの刃に垂直な面を用意して、そこから穴加工を行います。こうした設計上のひと一工夫が、品質に大きな影響を与えるのです。

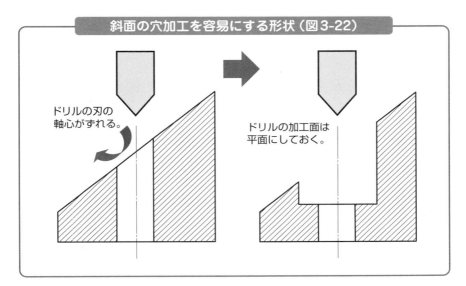
斜面の穴加工を容易にする形状（図3-22）

ドリルの刃の軸心がずれる。

ドリルの加工面は平面にしておく。

また、この斜め穴は内径側に連通します。この部品は軸受ですので、この内径には軸が挿入されます。したがって、内径面に**バリ**（116ページのコラム参照）があってはならないはずです。

この斜め穴のバリは、どのようにして除去したらよいでしょう。加工者は製図を見て加工の段取りを考えます。したがって、作図者も加工の段取りを頭に浮かべながら製図しなければ、加工者を悩ますことになるのです。

穴加工に要注意

「細い」、「長い」、「斜め」の穴は、軸心が振れないよう配慮すべきであり、設計上の工夫が必要。

穴加工には精度が要求される

小径の比較的長い穴の加工は、被削材料にもよるが、一般に慎重な加工が要求される。穴位置のサイズ公差を厳しく指示すると、加工が困難になる。加工精度に大きな影響がある場合は、ドリルの刃の材質や被削材料の材質をよく検討したうえで、設計上の工夫をする。

3-8 加工方法の指示
（作業者にため息をつかせる図面③）

ここでは加工方法の指示に関して、作業者にため息をつかせる例を示します。

記号を使うか、文字を使うか、いずれかに統一する

図3-23に示すピストンヘッドの図面は、仕上げ記号（表面性状の図示記号）に加工方法の指示があるものとないものがあります。また、加工方法が記号で書かれているものと漢字で書かれているものがあります。

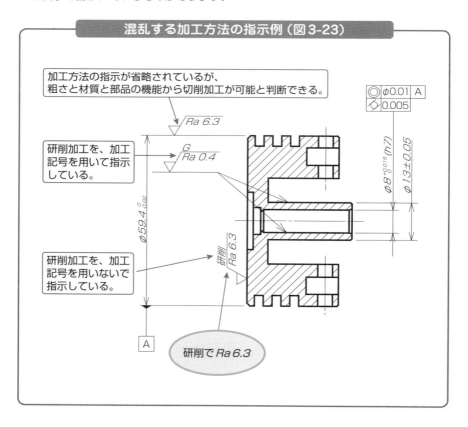

混乱する加工方法の指示例（図3-23）

まず、加工記号「G」は「Grinding：研削」の意味ですので、漢字で「研削」と書かれている仕上げ記号と同じ指示です。加工記号を用いても漢字で記述しても、規格上は許容されているので、間違いではありません。しかし、「記号を使うか文字を使うか」といった表記方法は、やむを得ない場合を除いて統一するべきでしょう。

加工方法などの表記は、必要に応じて記述することになっているので、加工方法の指示がない仕上げ記号も間違いではありません。図3-23では表面粗さ「Ra 6.3」が記載されているので、これを効率よく加工する加工方法は、切削加工になります。特に円筒面であれば旋削加工を施すことになります。このように、加工方法が明確な場合は、記載を省略することができるのです。

表面粗さと加工方法の関係を把握する

この図には、加工方法の表記についてもう1つ注目すべき点があります。「Ra 6.3」の指示があるのに、加工方法を「研削」としている点です。これは、切削加工でも可能な表面粗さに対して、研削加工を指示していることになります。

作業者は、設計者に問い合わせをしたくなるでしょう。または、「図中に指示されているのだから」と研削加工を行い、切削加工よりも加工時間が長くなるかもしれません。

逆の場合は、もっと深刻になります。例えば、「Ra 0.4」の指示があるのに切削加工を指示すると、不可能な加工を指示することになりかねません。製図では、表面粗さと加工方法の関係を把握して図中表記する必要があるのです。

加工方法は不的確な指示に注意する

加工方法が明確な場合は、記載を省略することができる。しかし、切削加工でも可能な表面粗さに対して、研削加工を指示してはならない。製図では、表面粗さと加工方法の関係を把握して、図中に表記する必要がある。

3-9 設計に対する配慮が必要な例

設計上の工夫をすることにより、加工が容易になることがあります。

少しの工夫で加工難度が低くなる

薄板材の打ち抜き加工や曲げ加工は、設計上許されるのであれば、少しの工夫により格段に加工難度が低くなり、所望の形状を短時間で製作することが可能になります。

例えば、金型を用いた打ち抜き加工を想定した場合、図3-24に示すような、先端がとがった形状、板厚に対して穴径が小さい穴、細く長い形状、端に近い穴などは、いずれも加工が困難になります。その部品の機能に影響が出ないのであれば、これらは回避すべきでしょう。または、このような形状にならないように設計しなければなりません。

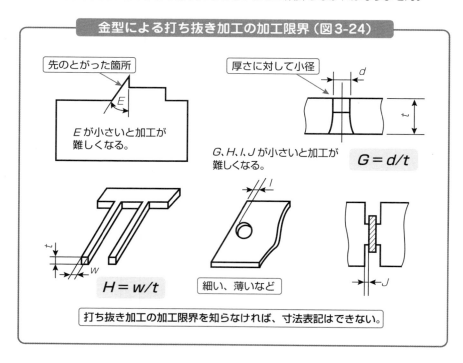

金型による打ち抜き加工の加工限界（図3-24）

先のとがった箇所 / E が小さいと加工が難しくなる。

厚さに対して小径 / $G、H、I、J$ が小さいと加工が難しくなる。 / $G = d/t$

$H = w/t$

細い、薄いなど

打ち抜き加工の加工限界を知らなければ、寸法表記はできない。

加工限界をよく把握する

「どうしてもこの形状で加工する必要がある」という場合は、加工方法から見直したほうがよいかもしれません。また、パイプや板材の曲げ加工も、**加工限界**を把握しておく必要があります。パイプの場合、曲げ加工による大きな扁平が発生したり、しわが発生したりします。板材においても、このほかに割れや反りが発生します。

図3-25に示すとおり、設計上工夫できる箇所については対策を織り込むようにしなければ、加工が困難な製作を依頼していることになるのです。

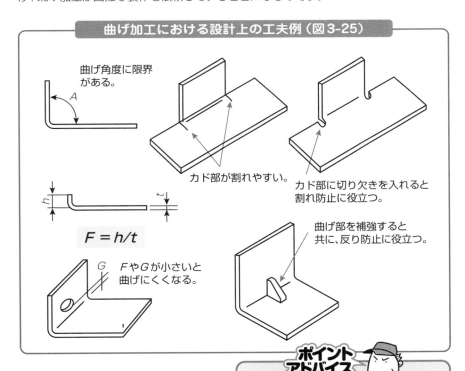

曲げ加工における設計上の工夫例（図3-25）

曲げ角度に限界がある。

カド部が割れやすい。

カド部に切り欠きを入れると割れ防止に役立つ。

$F = h/t$

曲げ部を補強すると共に、反り防止に役立つ。

FやGが小さいと曲げにくくなる。

ポイントアドバイス

加工のための対策を織り込む

薄板材の打ち抜き加工や曲げ加工は、設計上許されるのであれば、少しの工夫により格段に加工難度が低くなる。これにより、所望の形状を短時間で製作することができる。設計上工夫できる箇所は、対策を織り込む必要がある。

COLUMN 日本のモノづくり技術を支えるもの

現代のモノづくり産業では、厳密な管理下にある機密文書であるにもかかわらず、手に入らない図面はないといわれています。

これが本当だとすると大問題ですが、いずれにしても情報技術の発展とグローバル化の負の成果なのかもしれません。

また、技術者が退職して海外の別会社に転職する際に、機密書類を大量にコピーして手土産にするなどという、およそ技術者の倫理観を持ち合わせていない拝金主義の不届きな者も残念ながらいるようです。

こうした状況下にあってもなお、日本のモノづくり技術が優秀で世界を魅了し続けているといわれているのはなぜでしょうか。

その理由は、いろいろな観点からいくつか挙げられますが、その中の1つに「技術者たるチャレンジ精神」があるでしょう。

例えば、図面中で厳しい公差設定をすれば、コストが上がります。しかし、コストを下げるために公差を広く設定すれば、製品の品質が低下します。

多くの場合は「コスト」と「製品の品質（性能や機能も含む）」を天秤にかけ、どこかで折り合いをつけて製品化していくことになるでしょう。しかし、時として「コストを上げずに厳しい公差にも対応する」という、二兎追いをして両方手に入れるチャレンジをします。

「ふざけるな」という声が現場から聞こえてきそうですが、技術者たるものは、「よりよい物を広く使ってもらって人を幸せにし、社会を豊かにしていくのだ」という気概を持ってこの無理難題に挑み、技術を1ステップ前へ進めるのです。

これには、製品に関わる多くの技術者の協力と相互信頼が不可欠です。信頼がなければ、単なる傲慢な押し付け図面になるでしょう。わが国のモノづくり産業にはこの文化が根付いています。

公差に限らず、至る所でこのチャレンジが信頼と協力のもとに進められ、難題を解決へと導いています。これが、日本のモノづくり技術の進歩を支えるひとつの柱になっていることは確かでしょう。

近年は海外でも、日本のモノづくり技術を支える独特の風土にも関心が高まっています。例えば、日本のモノづくり技術の高さは「武士道」と関係があるのではないか——という質問を唐突に受けることがあります。

大変面白い指摘ですね。確かに、相互信頼と技術者の倫理観を併せ持ち、誠実にモノづくりに生かそうとする姿勢に武士道の影響を見ることは、的外れではないように思います。

Chapter

4

組み立てやすい図面

機械製品は、多くの部品により構成されています。そのため、組立図から容易に部品情報にアクセスでき、組立て作業に必要な部品情報が明確にわかるように書かれていなければなりません。組立て作業の効率化の観点から構造などが十分に検討されている図面こそが、組み立てやすい図面といえるでしょう。

4-1 組立図の構成と役割

組立図は、「機械製品を構成する部品が、どのように組み立てられるのか」を示す図面です。

部品番号と部品情報を記載する

対象の製品の規模が大きい場合は、必要に応じて**部分組立図**を用意します。すべての部品構成が反映されている図面が**総組立図**です。総組立図あるいは部分組立図は、構成される個々の部品の図番をたどって容易に部品図を参照でき、また部品の材料や個数、各種処理などの情報が明確にわかるようにします。

こうすることにより、材料の手配、作業工程の検討などが容易に進められるようになります。試作業者に見積りを依頼する際も、組立図があると、部品同士の嵌合状態が明確になります。また、作業工数もわかりやすくなるので、間違いを減らすことにもつながります。

図4-1に組立図の例を示します。組立図には、構成されている部品の**部品番号**を示し、**要目欄**に部品の情報を記載します。また、組立て時に必要な寸法や公差、処理なども記入します。

組立図に記載する情報

組立図は、構成される個々の部品の図番をたどって部品図を参照でき、また部品の材料や個数、各種処理などの情報が明確にわかるようにする。結果として、部品同士の嵌合状態が明確になり、作業工数もわかりやすくなるので、間違いを減らすことにもつながる。

組立図の構成と役割 4-1

組立図の例（図4-1）

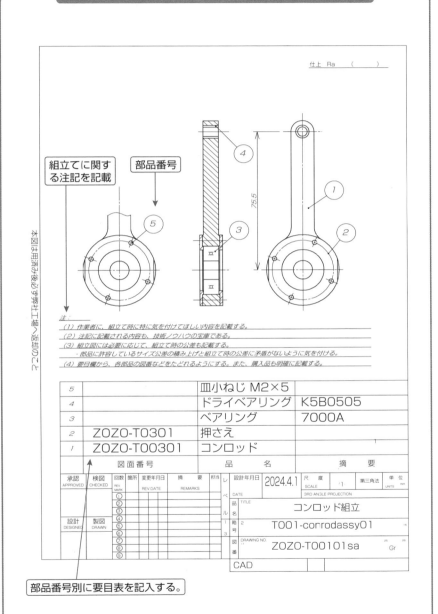

組み立てやすい図面

4-2 軸と軸受

軸と軸受などの穴が互いにはまりあう関係を**はめあい**といいます。軸と穴の関係は、サイズ公差方式によって規定した**ISOはめあい方式**によって決めています。

軸の外径と穴の内径は公差域が異なる

軸と穴における**公差域**（許容差）の表記例を図4-2に示します。図にあるとおり、穴の公差域は大文字のアルファベット記号にIT基本公差の公差等級の数字を付与して示しています。軸も同様ですが、こちらは小文字のアルファベット記号を用いています。**サイズ公差**に関しては、第6章で詳しく説明します。

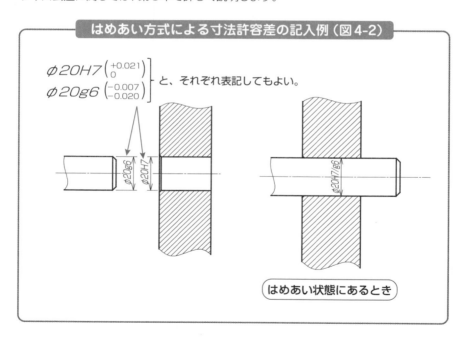

はめあい方式による寸法許容差の記入例（図4-2）

軸と軸受 4-2

　この軸と穴の組立図において、軸の外径と穴の内径を見比べると、基準寸法は同じですが、公差域は違っています。このことを示すため、はめあい状態の図中には「／」で区切って軸と穴の公差を併記します。

　これにより、作業者はこのはめあいが「しまりばめ」、「中間ばめ」、「すきまばめ」のどれに当たるのか判断することができます。もしも「しまりばめ」であれば、どうやって挿入するのか段取りを考える必要があるでしょう。

　こうした図中表記は、周辺の部品も含めた組立て時の微調整、特に軸の調芯（軸の軸心を適切な位置に調整すること）をしながら行う組立て作業の事前検討に、大いに役立ちます。

COLUMN 「5ゲン主義」で図面を極める！

　現場で役に立つ図面を書くには、「5ゲン主義」に徹することをお勧めします。

　「**5ゲン主義**」とは、5つの「ゲン」、すなわち現場・現実・現物・原理・原則の最初の「ゲン」をとって俗に称しているものです。

　しかし、この言葉は図面を書く際の心構えをよく表しています。

　現場（実際に製作しているところ）を知らなければよい図面は書けないし、それが製作できるのかどうか現実を知らなくては、使えない図面になってしまいます。

　また、自分が書いている現物を知ることは的確な注記の記入に必要ですし、作図にあたっては幾何学的な原理や製図のルールである原則を知らなくてはなりません。

　「5ゲン主義」を貫いて図面のスペシャリストになりましょう。

COLUMN 武士道「勇」を知る！

　「勇」は、危機に直面した場合でもけして動じない心のことであり、平常心を保ちつつ大胆な行動ができる心の広さと余裕を持つことが大切だと説いています。機械設計においては、先を見る力や課題解決のための大胆なアイディア創出、新技術への挑戦が大切であることを意味しています。図3-19、図3-21に示される$\phi 2.4$や$\phi 1$の穴加工は、少しの工夫とチャレンジが必要です。どうしても必要な穴であるなら、設計あるいは加工作業でのチャレンジが求められます。こうしたチャレンジが技術をまた一歩前進させるのです。

4

組み立てやすい図面

4-3 非対称部品
（組立て作業ミスを防ぐ図面①）

「組み立てやすい」ように配慮することは、作業ミスを減らすことにつながります。

組み付ける向きに注意する

組立て作業では、いつも同じ人が同じ作業をするとは限らないので、作業者の違いによる品質のバラツキも最小にする必要があるでしょう。その実現のためには、いろいろな施策があります。その中には、製品の品質や機能に影響を与えずに製図段階で織り込むことが可能な工夫がいくつかあります。

図4-3にロータリコンプレッサの組立てイメージ図を示します。この部品は、主軸受と副軸受、両者の間に入る上シリンダと下シリンダ、上下シリンダの間を仕切る**仕切り板**といった部品で構成されています。

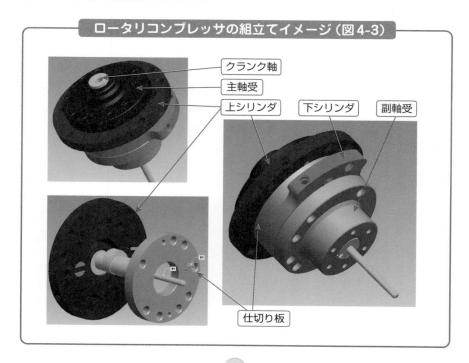

ロータリコンプレッサの組立てイメージ（図4-3）

非対称部品（組立て作業ミスを防ぐ図面①） 4-3

　すべての部品は、軸受から連通して5カ所のボルトで締結される構造になっています。この中の仕切り板を図4-4に示します。図に示すように、下部に給油経路を構成する小さな穴が開けられています。

　仕切り板は円板形状をしていますが、組み立てる際には、この給油穴が他の部品と連通するように組み立てる必要があります。つまり、組み付ける向きに気を付けなければならないのです。もしも上下逆に組み立ててしまったら、給油経路は遮断され、コンプレッサは破損してしまいます。

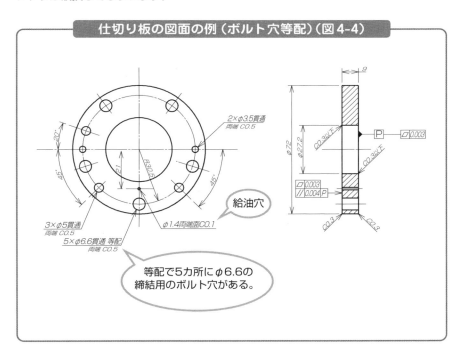

仕切り板の図面の例（ボルト穴等配）（図4-4）

4-3 非対称部品（組立て作業ミスを防ぐ図面①）

 ## 正しい向きでしか組み立てられない形状にする

このようなケースでは、組立て作業現場に「組み付け方向注意」の指示を出しておく必要があります。「この部品は組み付ける方向が決まっているので、間違えないようにしてください」という趣旨の注記を図中に記載し、それとは別に現場へ指示を出しておくことが望ましいでしょう。

しかし、それでも、組立てミスによる不具合の発生を完全に防ぐことはできません。そこで、図4-5に示すように、仕切り板の取り付けボルト穴の位置を等配にせず、少しずらして非対称の形状にしてみます。

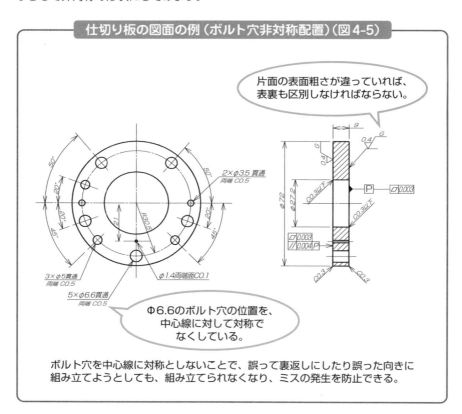

仕切り板の図面の例（ボルト穴非対称配置）（図4-5）

ボルト穴を中心線に対称としないことで、誤って裏返しにしたり誤った向きに組み立てようとしても、組み立てられなくなり、ミスの発生を防止できる。

このボルト穴の位置の修正では、もちろん構造上の強度は変わらず、部品の機能もまったく損なわれません。しかし、組み立てる際には、絶対に正しい方向でしかボルトが連通しなくなります。

たとえ1カ所でボルトが通っても、他の穴は位置がずれて通らなくなるのです。したがって、正しい向きでしか組み立てられない形状になります。このような工夫をすれば、誰がどのようなモチベーションで作業したとしても、組立て時のミスは発生しなくなるのです。

表面と裏面が異なる部品

また、図4-5には3カ所の「φ5」の穴があります。したがって、ボルト穴と同様、この穴の位置が変わらないように、組み付ける向きに気を付ける必要があります。さらに、裏返しに組み立ててしまっても不具合が出るので、この部品は「表裏のある部品」ということになるのです。

したがって、組み付ける向きだけでなく、「どちらの面を上にして組み付けるか」にも注意する必要があるのです。また、図中には両面に「Ra 0.4で研削加工」の指示が記載されています。

例えば、もしも前述の「φ1.4」や「φ5」の穴加工がなかったとしても、どちらか片方の面が「Ra 6.3」となっていたなら、この部品はやはり表面と裏面が異なる部品ということになります。

この場合も先の例と同じで、ボルト穴を等配に構成した場合は、表裏を間違えて組み立ててしまう可能性があります。ボルト穴を非対称に配置することは、この場合にも有効なのです。

組立てミスを防ぐ工夫

組立てミスによる不具合の発生を防ぐ策として、例えば「組立ての際に正しい方向でしかボルトが連通しない形状にする」といった工夫が必要。もちろん、構造上の強度や部品の機能などが損なわれないことが前提となる。

4-4 公差の積み上げ
（組立て作業ミスを防ぐ図面②）

組立図では多くの場合、組み上げたときの寸法がある範囲内に収まるよう、サイズ公差を記入します。

公差範囲内に組み上げる

同じ理由で、幾何公差を記入することもあります。作業者は、最終的に組み上げたときの仕上がりがこの公差範囲内に収まるようにします。産業用ロボットによる組立て作業であっても、まったく同様です。この公差域に組み上がるように検査と調整を行い、組み上がらない部品があれば不良として排除します。

最も簡単な例として、図4-6のような部品Aと部品Bの組立てを考えます。まず、**サイズ公差**について考えます。この図では、組み上げたときの全長が「90±0.1」、右端面から部品Aの鍔までの長さが「60±0.05」となるように組み立てる指示があります。

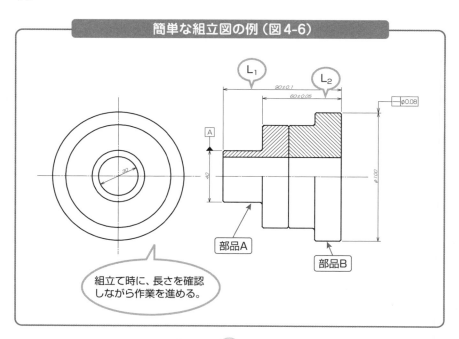

簡単な組立図の例（図4-6）

公差の積み上げ確認を怠らない

組立て時には、長さを確認しながら作業を進めることになるでしょう。さて、図4-7の部品Aの図面を確認してみましょう。長さは「50±0.1」であり、鍔部の厚さは「20±0.01」と記載されています。

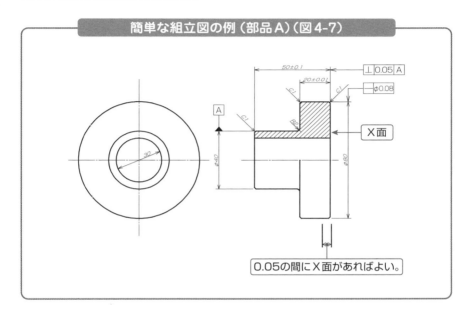

簡単な組立図の例（部品A）（図4-7）

一方、図4-8の部品Bを確認すると、長さは「40±0.1」と記載されています。部品Aと部品Bを組み立てたとき、図4-6の寸法L_1およびL_2は、理論的に次のようになるはずです。

L_1：[50±0.1] + [40±0.1] = [90±0.2]
L_2：[20±0.01] + [40±0.1] = [60±0.11]

つまり、部品Aと部品Bが図面どおりきちんと製作されているとしても、これらを組み立てると、L_1では89.8〜90.2まで寸法が振れてしまい、L_2では59.89〜60.11まで振れてしまうことになります。

4-4 公差の積み上げ（組立て作業ミスを防ぐ図面②）

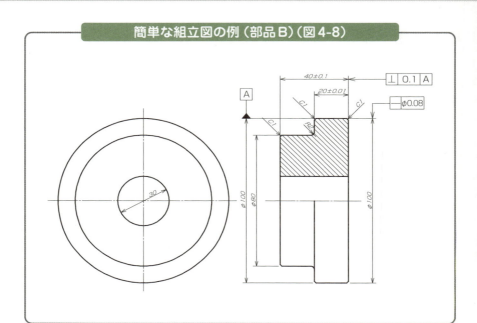

簡単な組立図の例（部品B）（図4-8）

　これは、組立図に記載されている寸法$L_1 = 90 \pm 0.1$（89.9〜90.1）、$L_2 = 60 \pm 0.05$（59.95〜60.05）と矛盾します。部品を図面どおりに製作しても、組み立てられない場合が起こりうることになります。

　こうした公差の矛盾は、実は平然とまかり通っていることがあります。**公差の積み上げの確認**を怠っているために引き起こされる不良といえます。

理論的に実現できないことがある組立図

　また、こうした公差の積み上げ確認は、サイズ公差だけでなく、幾何公差においても十分に行う必要があります。少し強引ですが、同じ事例を用いて説明します。部品Aの図4-7には、幾何公差が2つ指示されています。

　1つは**直角度公差**、もう1つは**真直度公差**です。このうち直角度公差について図中の指示を見ると、指示線の矢印の示す面（ここでは図の右端面；仮にX面とします）は、データム軸直線A（ここでは$\phi 40$の軸直線）に垂直で、かつ指示線の矢の方向に0.05mmだけ離れた2つの平行な平面の間になければならないことを示しています。

つまり、0.05離れた２つの面の中にX面があればよいので、例えば、X面が2面間の中で斜めに存在してもよいのです。もしも、許容範囲で斜めになっていたとして、部品Aと部品Bを組み立てたとすると、その影響は組立て後の寸法に表れます。部品Bでも同様の直角度公差が記載されているので、これらの積み重ねによって、組立図にある「60±0.05」は、理論的に実現できない場合があることがわかります。

「90±0.1」に関しても、不良となる場合が理論的にありえます。不良が多く出ると、製造現場の責任を問う声をよく耳にしますが、図面をきちんと見直してみると、出るべくして不良が出ている場合があることに気が付くのです。

 部品図と組立図の公差の相関に生じる矛盾

図中にある真直度公差についても同じことがいえそうです。図4-7に示す部品Aでは、「φ80の円筒の軸線は、直径0.08の円筒内になければならない」とする真直度公差が記載されています。

これは、「φ80の円筒の軸線は、φ0.08の円筒の中で反ったり倒れていたりしてもよい」と解釈されます。部品Bも同様であり、φ100の軸線は直径0.08の円筒内に、反ったりたれていたりして存在している可能性があります。

これらの部品を組み立てれば、理論的に組立図のサイズ公差や真直度公差を満足させられない場合もありうるのです。こうしてみると、図4-6、図4-7、図4-8は、まったく矛盾だらけの図面といえるのです。

このように、組立図は、組立て作業に大変有用ですが、部品図と組立図の公差の相関に矛盾があると大きな問題となります。そして、この問題の原因が図面にあることを現場では気付きにくく、生産性の大きな損失につながるのです。

公差の積み上げに注意する
・組立図の許容される最小公差は、構成部品の公差から理論的に決まる。
・組立図のサイズ公差／幾何公差は、部品図のサイズ公差を積み上げて整理する。
・同時に、部品図の幾何公差の積み上げも整理する。

4-5 量産設計とは

機械が実際に製品として完成し、量産・販売されてユーザーの手元で活用されるまでには多くのプロセスを踏みます。また、多くの専門家・専門職人の手を経由する必要があります。

同じ性能の製品を効率よく生産する

そのプロセスは、図4-9に示すような流れとなっています。この中で**生産設計**は、実際に製品として複数個製造することを念頭に置いた設計をいい、製造個数が多い場合を**量産設計**といいます。

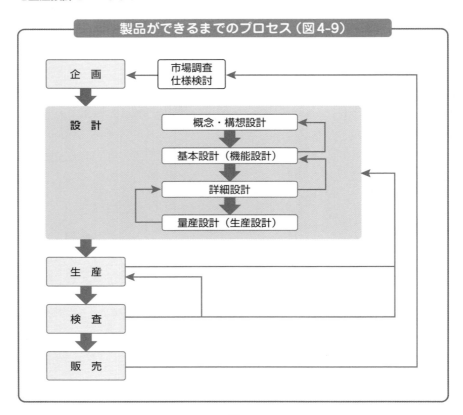

製品ができるまでのプロセス（図4-9）

量産設計とは **4-5**

　詳細設計までの作業を受けて、実際に同じ機械や部品を数多く製造するとき、効率的に製造するための工夫を設計の中に織り込んだり、同じ部品でも製造方法や加工の委託業者ごとに図面を分けて製図するなど、多くの配慮が必要となります。量産設計では、生産の効率化に重点を置き、同じ性能の製品を効率よく生産できる方法を検討します。

生産工程を考慮した構成を製図に反映させる

　製造にかかるコストは、同じ機械部品であっても、生産個数や材料、作業工程や加工法によって異なります。既存の製造設備をそのまま、あるいは一部改造して利用できないかを検討したり、加工工程の短縮を図るためにはどういう構造に修正したらよいかなど、生産工程を考慮した構成を考えて製図に反映させる必要があります。

　詳細設計のときに想定した加工法や材料とは違う加工法や材料に変更される場合もあります。また、組立ての作業性を考慮して、新たな工夫を部品に織り込むこともあります。

製品品質に関わる確認検査の指示を図中に記載する

　生産計画によっては、協力企業のほうで鋳造により成形した大まかな形状の部品を納入させて、そのあとの詳細加工を自社で行う場合もあります。その場合、調達方法や加工分担、組立て作業の時間的なずれなどの検討も必要となるかもしれません。

　状況により、鋳造までの鋳物図面と詳細加工を指示した仕上げ図の両方を出図する必要が生じたりします。また、耐久性の評価、製品となって出荷後の運搬中に落下したときのことを想定した落下試験、輸送中の振動に絶えられるかどうかを調べる振動試験、寒冷地での動作確認など、多岐にわたる製品の品質に関わる重要な確認検査に関する指示を、図中に記載しておく必要もあるでしょう。

4

組み立てやすい図面

> **ポイントアドバイス**
>
> ### 量産設計における図面の役割
>
> 量産設計では、生産の効率化に重点を置き、どのようにつくれば同じ性能の製品を効率よく生産できるかを検討する。したがって、製品の品質に関わる重要な確認事項や検査をするための指示を多岐にわたって図中に記載しておく。

4-6 量産設計のポイント

量産される前の試作品でその製品が高性能を有していたとしても、ユーザーが求めやすい価格で入手して使用することができなくては、その製品の存在意義がありません。

量産図面における考慮

製品は使ってもらわなければその価値は無駄になります。そして、製品が試作段階で良好な機能と性能を得ていたとしても、耐用年数の間にそれが損なわれることなく維持されなければなりません。また、製品の価格も一般に許容される範囲になくてはならないのです。

同じ仕様で同じ機能を有する機械の場合であっても、**試作図面**と**量産図面**では、異なる場合があります。それは、量産図面では次に示すような量産設計におけるポイントを考慮する必要があるからです。

①QCD（Quality：品質、Cost：コスト、Delivery：納期）のバランス
②製品の販売価格や製造にかけられるコスト
③社内の製造設備の利用と量産に適した加工方法
④既存製品の部品の共有化
⑤新規製造設備を導入する場合は、初期投資の回収年限
⑥コストUPする場合は、それに見合う付加価値
⑦信頼性の確保

量産設計と試作段階の設計の違い

量産設計とその試作段階の設計では、一般的に設計思想が違っていることが多いのです。設計思想が違えば、製図に織り込まれる設計意図も違ってくるので、図面もそれに伴って変わります。

寸法の入れ方、基準面の入れ方、幾何公差の入れ方など、多くの違いが生じる可能性があります。これらの違いはおおむね表4-1に示すことから生じています。

量産設計のポイント 4-6

▼量産設計と試作段階の設計の違い（表4-1）

	量産設計	量産の前段階の設計（詳細設計）
品質	前段階の設計での高品質を維持する。	高品質
コスト	極力低く抑える。	低いほうがよいが優先度は低い。
納期 （製作期間、工数）	極力工数を少なくし、短時間で製作する。	特に工数などは意識しない。
個数	たくさん（月産数千個など）	1個から数十個程度
加工者	社内（あるいは協力工場）の資源を活用する。	目標物ができあがるのであれば特に指定しない。
加工機械	社内（あるいは協力工場）の資源を活用する。	目標物ができあがるのであれば特に指定しない。
加工方法	上記6項目に合致する最良の方法を用いる。	目標物ができあがるのであれば、必要な箇所以外は特に指定しない。

製図に的確な指示を記載する

例えば、図4-10に示すようなL形の部品をつくる場合、通常の設計では、その部品に求められる機能と必要な構造強度さえ損なわなければ、角柱の材料から削り出してつくっても、板を曲げてつくってもよいでしょう。

L形部品の例（図4-10）

・機能や構造強度が変わらなければ、いろいろな製作方法の選択肢がある。
・製品開発において、一般的に量産のための検討は、単体の開発期間の後半に分担して進めることが多い。

ほかにも、鋳造でつくるとか平板を溶接してつくるなど、いろいろな方法が考えられます。「どの方法ならば安く、簡単につくれるか」で決めればよいのです。しかしながら量産設計では、つくる個数によって、あるいは材料によって、あるいは機能によって、加工方法が決まってきます。

場合によっては、取引業者の都合によることもあるでしょう。製図は、これらに十分に対応しうるものでなくてはなりません。さらに、加工や材料の幅広い知識、耐久性や信頼性の知識などをもとに、図面に的確な指示を記載する必要があります。リスク回避のため、同じ部品を2、3社から納入させることもあります。

業者ごとに得意不得意の加工がありますし、保有する加工機械の種類が異なることもあり、同じ部品でも図面を業者ごとに分けて製図することもあります。時として、工数の見積りや品質管理などの知識も量産図面の製図には必要です。

COLUMN　バリ取りは何のため？

　金属などを加工するときに生じる薄いひれ状の余剰部分を**バリ**といいます。また、せん断加工で生じるバリは**カエリ**といいます。これらは、カド部に多く発生しやすいです。一般に1mm以下の小さなものですが、製品の機能上不都合なことが多いので、通常は除去します。また、作業者が手を切るなど受傷しやすいので、安全上の配慮からもバリ取りが必要です。図面では、カド部に面取り指示が

あれば、多くの場合面取り加工によりバリが取り除かれます。また、図中の注記に「バリ・カエリなきこと」とある場合、作業者はカド部を中心にバリ取り作業を行います。

　なお、型鍛造においては、材料を型の隅々まで充満させるため、意図的にバリをつくることもあります。しかし、一般に材料節約の観点からバリの削減努力がなされています。

4-7 工程管理と設計

　量産設計においては、前述のとおりQCDのバランスが重要であり、市場に製品を投入する時期も決められていることが多いといえます。製品製造の後半である組立て工程は、他機種の製造や人員配置を含めた生産計画によって大きく影響を受けます。

ガントチャートによる日程管理

　決められた期限までに目的を達成するためには、限られた人員や設備を上手に配分し、日々の進捗状況を把握して修正していく、といった工程管理が必要になります。工程管理では、**ガントチャート**と呼ばれる日程管理表を用いることがあります。

　これは、横軸に時間（日程）、縦軸に工程や作業タスクなどをとって図示したものです。作業工程や日程は製品分野によって異なっており、このほかにも工場ごとに独自のいろいろな工夫を施しているようです。

　図4-11は、1つの例としてルームエアコン用の圧縮機のガントチャートの一部を示したものです。これを見てもわかるように、製品の最終形状が確定したあとの量産設計時にも、行われなければならない試験項目があります。

　また、金型や鋳物をつくってしまったあとでは、コストがかかることから大きな設計変更ができないために、量産設計段階における図面修正には制約が生じてしまいます。

柔軟な図面修正が求められる量産図面

量産図面は、柔軟な図面修正に対応していかなければならない。短い期間で「騒音」「振動」「落下」「耐久」といった設計上重要な確認試験を行い、その結果を設計に織り込んで図面の修正をしなければならない。

4-7 工程管理と設計

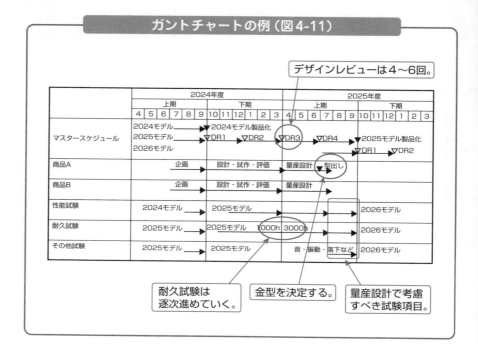

柔軟な図面修正に対応する

この過密なスケジュールの中で納期を守り、柔軟な図面修正に対応していかなければならないのが、**量産図面**といえるでしょう。短い期間で「騒音」「振動」「落下」「耐久」といった設計上重要な確認試験を行い、その結果を設計に織り込んで図面を修正し、かつスケジュールを保持しなくてはならないのです。

また、ひとたび市場で事故が発生すれば、安全面、倫理面、そして企業の収益にも重大な影響を与えてしまうため、最大限の注意を払ってこれらの作業が進められなくてはなりません。

4-8 量産を考慮した設計事例

　製品分野によって製造個数が異なり、許容されるコスト、性能、納期、信頼性も異なっているため、量産設計においてはそのことを考慮する必要があります。また、製品化における各種法令による制限や、製品廃却時の資源リサイクル、環境保護の観点からの材料や工法の制限など、多くの制約があります。

量産におけるコスト

　量産設計や量産用製図の正解を一般論として述べることは難しいといえます。ここでは主に、一般的な密閉形圧縮機の部品の事例を紹介します。

　密閉形圧縮機の用途であるルームエアコンの市場について、参考までに記載しておきます。わが国のルームエアコンの市場は、2020年度において年間約986.9万台、2023年度では少し減少して878.4万台となっています。

　また、量産していない圧縮機製品（例えば、宇宙衛星搭載用圧縮機）に対して、1台当たりにかけられるコストは約1/1000であり、また、外国製圧縮機の価格はさらにその半額程度となっています＊。コストは、経済状況や政策などのほかにも、用途や市場規模、必要な部品の調達先などによって大きく変動します。

位置決めピン

　回転機械の組立てで注意が必要な工程の1つに調芯があります。特にルームエアコンで用いられている密閉型圧縮機では、回転摺動部分のクリアランスが数マイクロメートルから数10マイクロメートルであるため、調芯には細心の注意が必要です。

　この作業を自動化するために**位置決めピン**がしばしば用いられます。図4-12に、ツインロータリ圧縮機の機械部分の組立てイメージを示します。

　ツインロータリ圧縮機の機械部分は次の部品から構成されています。

＊…**となっています**　　コストは為替の変動や経済状況、関税などから大きな影響を受けるので、一概に断言することはできません。ここでは、量産の規模を推測する参考用として一例を示しました。

4-8 量産を考慮した設計事例

① 主軸受
② 上シリンダ
③ 仕切り板
④ 下シリンダ
⑤ 副軸受
⑥ 軸などの部品

　これら①〜⑥の部品は、すべてしかるべき共通の公差内の軸心を有している必要があります。この6点の部品を調芯して組み立てるのは、かなりやっかいな作業になると予想できます。また、もし仮に1人の作業者がこれを習熟したとしても、作業者が替わると性能が変わってしまったり、不良が多く出てしまったりすることがあります。

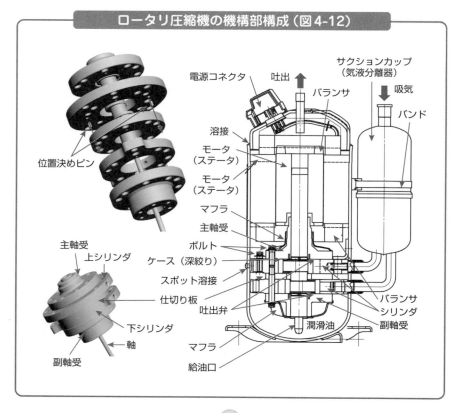

ロータリ圧縮機の機構部構成（図4-12）

量産を考慮した設計事例 **4-8**

　この作業は、誰がどのようなモチベーションで組み立てても、品質のバラツキがなく、効率よく組み立てられるように工夫されるべきです。この工夫ができれば、ロボットを利用した自動化も容易になります。

　ここでは、図に示されているようにピンを使った工夫を試みます。あらかじめ適切な部分で組み立てられるように、位置決めピンを取り付けます。

　これにより、複雑な調芯作業が簡便になり、作業者は調芯を意識せず、ピンを入れて組み立てればよくなります。図中には調芯の指示ではなく、ピンを入れる手順を記載しておけばよいのです。工夫次第で図面の指示内容が簡潔になり、組立て作業も容易になります。

バンド

　圧縮機には**サクションカップ**と呼ばれるストレーナ（漉し器）が設置されます。このサクションカップを固定するため、図4-13に示すとおり、**ゴムシート**をサクションカップの円筒部に巻き、**ホルダ**と金属製スプリングバンドにて固定しています。

　バンドが少しでも緩ければすぐに外れて機能しなくなりますが、かといって固すぎると製造ラインで作業者が苦労することになります。つまり、微妙な固さが求められるのです。

　ゴムシートに関しては、円筒部の直径より少しでも小さく止めてしまうと入れにくくなりますが、緩いと脱落してしまうので、入れやすく、かつずれない程度の隙間が必要となります。この部分は、ステープラの止め位置に微妙な調整が必要となります。

　このような部品は、理論的に寸法の数字を追って図面を見ていても、最適な図面は書けません。一番の近道は、実際に試作して作業性を確認していくことでしょう。ホルダはプレス加工で製作するので、金型の微妙な調整が必要となります。

　解析や計算ではなかなか見つからない最適な作業性の確認を、金型製造の現場で自ら行い、それを図面に反映させるのです。ゴムシートも、自ら組み立ててみれば最良の寸法を把握できるでしょう。現場を歩かなければ、よい図面は書けないのです。

4-8 量産を考慮した設計事例

バンド（図4-13）

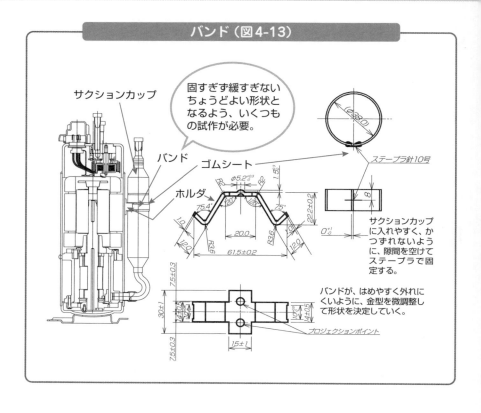

ポイントアドバイス

現場を歩く

解析や計算ではなかなか見つからない最適な作業性の確認を、金型製造の現場で自ら行い、それを図面に反映させることが必要。実際に組み立ててみることで最良の寸法を把握することができる。現場を歩かなければ、よい図面は書けない。

4-9 組立ての作業性への配慮

　組立て作業の効率化を進めることは、コスト削減につながるだけでなく、作業者のケガ防止のためにも重要なことです。

組立ての作業効率を向上させる工夫

　図4-14に横置きのフランジケースの例を示します。

　図のフランジケースは、金属材料を用いて切削加工などにより製作します。図に示すように、大変重そうな形状です。しかし、がんばれば1人でも持ち上げて移動することができそうな大きさです。

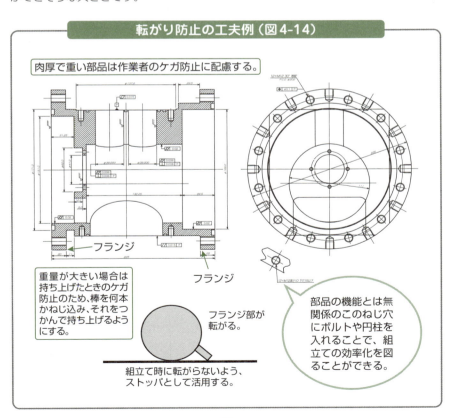

転がり防止の工夫例（図4-14）

肉厚で重い部品は作業者のケガ防止に配慮する。

フランジ

フランジ

重量が大きい場合は持ち上げたときのケガ防止のため、棒を何本かねじ込み、それをつかんで持ち上げるようにする。

フランジ部が転がる。

組立て時に転がらないよう、ストッパとして活用する。

部品の機能とは無関係のこのねじ穴にボルトや円柱を入れることで、組立ての効率化を図ることができる。

4　組み立てやすい図面

4-9 組立ての作業性への配慮

　もしも、持ち上げたときに手が滑ると、この重い部品の落下によって手や足の指を潰しかねないことに気付きます。そして、向きを変えるだけでも、つかみどころがなく不自由そうに見えます。

　フランジは円形の鍔なので、ごろごろと転がって作業性も悪そうに見えます。そこでこの図では、フランジの円筒部にM12のねじを12カ所構成し、ボルトやおねじを切った棒をねじ込めるようにしています。このねじ穴を構成することによって、この部品の機能を損なうことはありません。

　ここにボルトや棒材をねじ込むことにより、組立ての作業効率を格段に高めることができます。例えば、1本のボルトを入れておくだけで、転がりに対するストッパになります。

　また、複数本入れれば、棒をつかむことによって、この部品を安全に持ち上げたり方向を変えたりすることが容易になります。こういう工夫を図中に織り込めることが、実は大変重要です。図面にするのは少し面倒かもしれませんが、この工夫ひとつで組立ての安全性と作業効率が向上します。

課題や問題点を図面に反映させる

　ところで、このような工夫のアイテムは、図面を眺めていてもひらめきません。自分で一度組み立ててみるとよいでしょう。そして、組立ての難しいところや、危険が潜んでいる箇所を見つけ、その対策を図面中に反映させるのです。

　ケースの中の機構部の組立てでは、組立て専用の治具を用意したり、細かい組立て箇所を視認できるようにのぞき窓を設けるなど、作業者の立場になって考えることが最も大切です。

ポイントアドバイス

組立ての作業効率向上の工夫

組立て作業者の立場になって、作業しやすい工夫をして、図面に織り込む。この工夫ひとつで組立ての安全性と作業効率が向上する。

4-10 失敗につながる要因

　悪い製図あるいは悪い設計は、低い作業効率や高いコストといった問題を引き起こすだけでなく、大きな事故につながる場合もあります。そういった失敗に関わる因子について考えてみましょう。

設計・製図技術者の責任

　表4-2に示した失敗因子のうち、**知識不足**、**技術不足**、**経験不足**に関しては、例えば、回転機械の軸にかかる荷重の計算でミスをしてしまったり、計算は正しくても材料選定や図中の指示を間違えてしまったり、あるいは**CAE**＊で解析した結果を正しく読み取れずに同様の過ちを犯してしまったりして、製品の事故を引き起こす場合があります。

　設計・製図の技術者は、自分が現在保有している知識や経験などが十分でないことを自覚し、自己鍛錬とよりよい方法を探求する努力が必要であり、そうする責任があるのです。

　怠慢は、例えば、過去の製品の設計を流用・改造して新たな設計を行う流用設計において、詳細な設計検討を怠りやすく、そういったときに事故が発生します。

現場とのコミュニケーションの必要性

　組立て現場で「どうやっても図面どおりにうまく組み立てることができない」などということも、組立図における公差の積み上げを確認すれば、回避できる場合があります。

　ひとりよがりも近年よく耳にする失敗因子です。「設計上（理論上）確認がとれているのだから、うまくつくれないのは製造現場の責任だ」と思い込むケースなどがそれです。

　無理な公差設定や、困難な検査要求、特殊工具を用意しなければ加工できない箇所の指示など、きりがありません。これらの問題を解決するためには、現場とよくコミュニケーションをとり、どこまでチャレンジするのか、それとも修正するのか、決める必要があるでしょう。

＊**CAE**　Computer Aided Engineeringの略。

4-10 失敗につながる要因

作業性を大幅に改善するひと手間

気配り欠如も同様です。本章で先に述べたように、フランジケースが転がらないよう円形部に切り欠きやストッパを入れる、より簡単に組み立てられるような工夫をする、作業者がつかみやすくて向きも間違えないようにボッチを付けるなど、ちょっとしたひと手間で作業性が大幅に改善される場合があります。

標準化意識欠如は、それにより部品点数が増えたり、同じ機能なのに少し仕様が違う部品が多数あって、取り違え事故の発生や作業性の悪化につながることがあります。

設計力を実現する製造現場との連携

これらの解決方法には、表4-2に示すポイントがあります。日本のモノづくりが高品質で技術的評価が高い理由の1つは、高い設計力です。**設計力**には、技術力や深い知識、ユーザー目線と倫理観が求められ、実践するには製造現場との連携が重要です。

▼設計者の失敗につながる要因（表4-2）

設計者の失敗因子	引き起こされる事象	解決への道
知識不足	事故 品質低下	原理・原則の復習 工学知識の習得
技術不足	事故 品質低下	設計計算の正確性向上 解析力向上 CAEの正しい使い方習得　など
経験不足	事故 コストアップ	現場経験を積む 経験者に教えてもらう　など
怠慢	流用設計時に不具合 品質低下	原則に立ち戻った確認計算 流用元の設計意図を理解
ひとりよがり	間違った設計至上主義 品質低下	現場を歩き、知る 現場を経験する 現場とコミュニケーションをとる
気配り欠如	作業性の悪化 品質低下	
標準化意識欠如	コストアップ 納期の長期化	現場を歩き、知る 標準化意識を持つ

製図には、設計の内容を製造現場に伝える重要な役割があり、作図者もまた設計力が求められます。そして、「現場」「現実」「現物」「原理」「原則」（**5ゲン主義**）に徹することが、失敗の防止と解決につながります。

Chapter

5

基本的な図面の表し方

ここまで、見やすい図面、わかりやすい図面な
ど、次工程や作業者の立場に立った図面について
考えてきました。これらを実現するには、基本的
な図面の約束事が守られていることが前提にな
ります。本章では、基本的な図面の表し方につい
て理解を深めましょう。

5-1 投影法

図面は、3次元空間に存在する物体を2次元の紙面上に表現しています。そもそも、これは困難な命題ともいえます。

いろいろな投影法

水を一滴垂らしたときの水面の波紋、ドレスやカーテンなど布地の曲面……。2次元では正確に表現するのが難しいものが、3次元空間には多く存在します。

この自由曲面の取り扱いに関しては少々難しく、2次元図面の限界に近いかもしれません。しかし、それ以外の一般的な物体は、**投影法**を用いて2次元図面に正確に書き表すことが可能です。

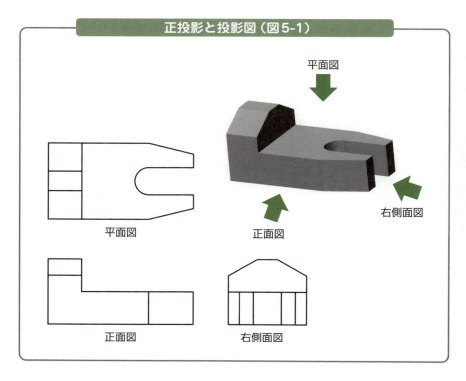

正投影と投影図（図5-1）

投影法 5-1

立体を投影して投影面に描き出す方法を**投影法**、その中で無限の距離にある位置から平行に投影する方法を**平行投影**といいます。平行投影によって投影面に描き出す方法には、投影面を投影線と直角に置いた**直角投影**と、斜めに置いた**斜投影**があります。

投影図とは

直角投影で立体の1つの面を投影面に平行に置いた場合を**正投影**（図5-1）といい、真正面から投影したもの、真上から見たもの、真横から見たものなどを組み合わせて表現する図を**投影図**といいます。

真上から見たものを**平面図**、真正面から見たものを**正面図**、右側から見たものを**右側面図**、左から見たものを**左側面図**、真後ろから見たものを**背面図**、真下から見たものを**下面図**といいます。

投影図は、平行に直角投影されているので、立体の形状とそれぞれの面が同じ寸法で表現され、立体を正確に表すことができます。つまり、設計者の設計意図を最も直接的に表現することができるといえるでしょう。

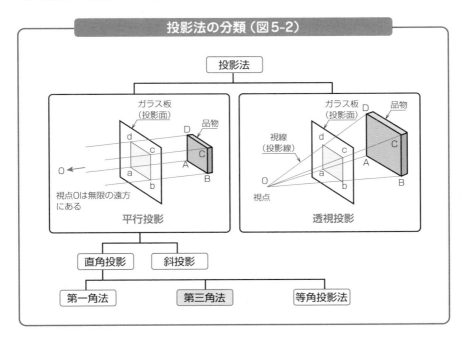

投影法の分類（図5-2）

立体を表現するには、これらの投影図のうち、正面図、平面図、右側面図の3面だけで十分理解できることが多いので、一般には図5-1に示すように、この3つの投影図で立体を図面に表しています。

2面だけで表す立体

図5-3に示すように、2面だけで十分に形状把握が可能な立体もあります。このような場合は、2面のみを図面にします。あえて3面書くと、作業者が何か形状に特徴があるのではないかと疑心暗鬼になるかもしれません。

図面は設計者の意図を反映させてそれを的確に伝えることが重要ですので、不要な図は書かないようにします。

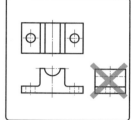
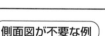
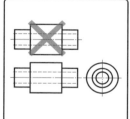
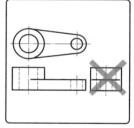

空間を立画面と平画面で表す

わが国における機械製図では、一般に**第三角法**が多く用いられています。空間を立画面と平画面で図5-4のように4つに分けます。

対象物を観察者と座標面の間に置き、対象物を正投影したときの図形を対象物の手前の画面に示す方法が、**第三角法**です。

第一角法は、対象物を正投影したときの図形を対象物の後ろの画面に示します。第一角法と第三角法の例をそれぞれ図5-5、図5-6に示します。

これらを見比べるとわかるように、隠れ線の表示が第一角法と第三角法で異なっています。第一角法を用いている国や地域もあるので、混乱しないようにしなければなりません。

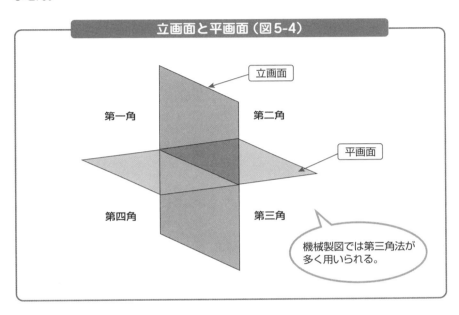

立画面と平画面（図5-4）

機械製図では第三角法が多く用いられる。

立体を正確に表す

投影図は、平行に直角投影されているので、立体の形状とそれぞれの面が同じ寸法で表現され、立体を正確に表すことができる。つまり、設計者の設計意図を最も直接的に表現することができるといえる。図面は設計者の意図を反映させて、それを的確に伝えることが重要であることから、不要な図は書かないようにする。

5-1 投影法

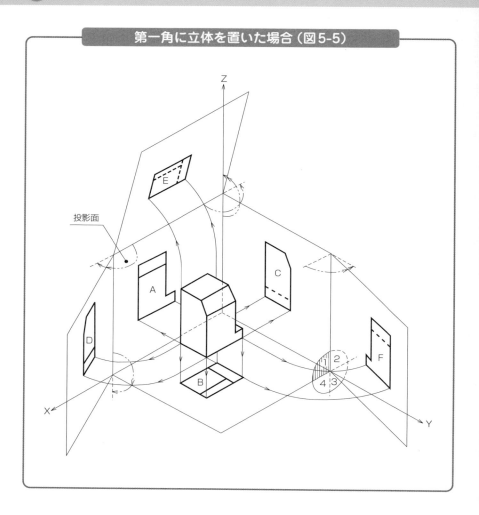

そこで、図面の表題欄の所定のところには、図面がどのような投影法を用いて書かれているのか記入することになっています。第三角法の場合は、「第三角法」と文字で表記するか、図5-7に示すような記号を記入します。

投影法 5-1

第三角に立体を置いた場合（図5-6）

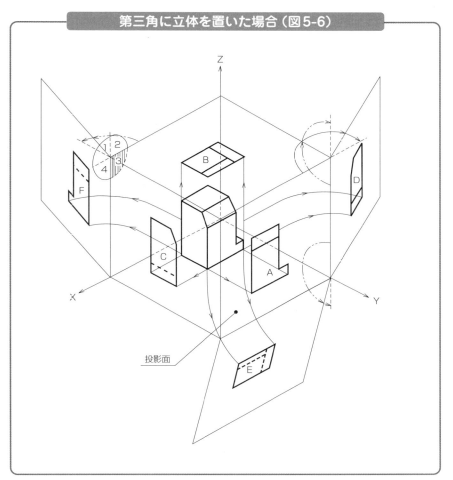

第三角法の記号（図5-7）

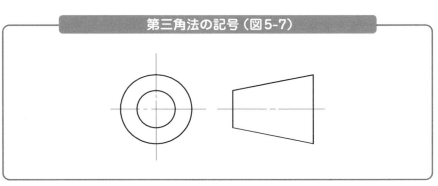

5 基本的な図面の表し方

図面の投影法を明示する

　自分の図面の投影法を明示しておかなければ、設計意図を伝えるどころか、形状把握に大きな誤解を生じる恐れもあるので注意が必要です。逆に、海外から送られてきた図面が第一角法で書かれていたら、柔軟に頭の中を切り替える必要があるでしょう。

　近年は3次元CADが広く普及してきたので、等角投影図のような立体表示も容易に書けるようになりました。設計意図を正確に伝えるために、こうした立体表示を添付する機会も増えています。

COLUMN　コストの意識①

　シリンダなどの鋳物部品では、機能上および構造上問題のない範囲で部品の肉を削ぎ、材料代を抑える工夫がなされます。これを俗に「**肉を盗む**」などといいます。図に示す部品は圧縮機のシリンダの一例です。

　一般的には円筒材料を切削により製作すれば必要な形状が得られます。しかし、シリンダに鋳鉄などの鋳物を用いるのであれば、円形にこだわる必要はなく、鋳物の型を必要な形状で作成すれば、不要な金属材料を使わずに済みます。量産となれば、切り子が少なければそのぶんコスト低減につながります。図は、構造上問題ない形状を解析により検討し、鋳物の外形を決定したものです。

コストを意識した設計例①

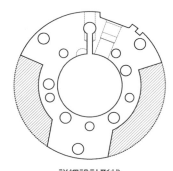

詳細設計形状

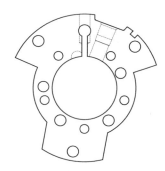

量産設計形状

ハッチングの部分の肉を盗んで、金属材料を節約する。

シリンダ断面図

5-2 設計意図を正しく表す寸法表記

図面における寸法の記入にあたっては、読み誤りのないよう、図面を見る人の立場に立って、正確に、見やすく記入する必要があります。

設計意図の多くは寸法で示される

寸法記入の仕方によっては、加工方法や加工の段取りの変更、加工や計測の基準位置の変更など、多くの工程に変更が生じる可能性があります。設計者の設計意図の多くは、寸法表記によって示されるのです。

図面上で、幾何形状が同じであればどこに寸法を示しても同じなどということはなく、例えば、図5-8に示すように、外形が一見すると同じに見えても、設計者の設計意図が違えば違う形状の部品となります。

この図には、200×400の平板に、直径100の円孔がある図面が2つあります。左の図面には円孔の中心が右端から100±0.1との寸法表記があり、右の図面には左端から300±0.1との寸法表記があります。両者は同じ位置に円孔があるわけではありません。

「右端から100±0.1」を確保したい場合と、「左端から300±0.1」を確保したい場合とでは、設計意図が異なっています。つまり、この両図面は、同じ位置に穴加工をしようとしているのではないのです。

例えば、全長400を600にする設計変更があったと仮定すると、明確にその違いが現れます。図にあるとおり、それぞれの設計意図を実現すると、まったく異なる位置に穴が配置されるのです。

この場合は、加工における基準面、工作機械のカッターパスなどにも、明確に違いが生じます。製作者は、設計者が要求している寸法を確実に実現するので、確実に確保してほしい寸法（設計意図）を記入しなければならないのです。

5-2 設計意図を正しく表す寸法表記

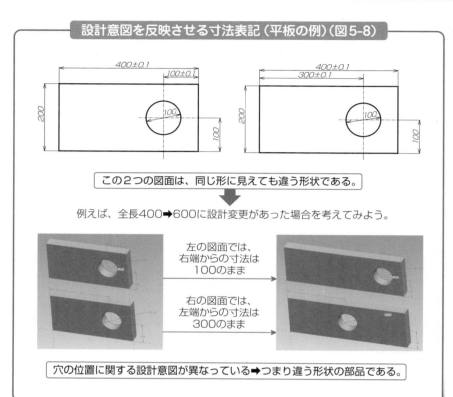

設計意図を反映させる寸法表記（平板の例）（図5-8）

この2つの図面は、同じ形に見えても違う形状である。

例えば、全長400→600に設計変更があった場合を考えてみよう。

左の図面では、右端からの寸法は100のまま

右の図面では、左端からの寸法は300のまま

穴の位置に関する設計意図が異なっている→つまり違う形状の部品である。

長さの単位

一般に長さ（寸法）は[mm]単位で記入し、単位記号は付けません。角度の単位は[度]を用い、必要に応じて[分]、[秒]も用います（単位記号はそれぞれ「°」「'」「"」）。また、[ラジアン]の単位を用いる場合は、単位記号「rad」を付けます。

例： 90°　　22°10'43"　　0.21rad

寸法線

寸法線は、図5-9に示すような端末記号（斜線、黒丸、矢印）を両端に付けます。

寸法線の種類（図5-9）

通常、これらの端末記号の混用はしないようにします。一般に、機械製図では矢印を用い、寸法線が短くて矢印を付けられない場合など、必要に応じて黒丸を用います。

寸法線を記入するために図形から引き出す線を**寸法補助線**といいます。図5-10に、寸法線や寸法補助線のよくない記入例を示します。寸法補助線を引く際には、図5-11に示すような事項に留意するとよいでしょう。

寸法線の記入の仕方（よくない例）（図5-10）

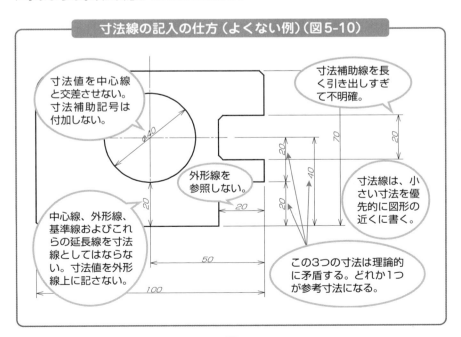

5-2 設計意図を正しく表す寸法表記

　図5-12には、同じ位置に円孔がある（ように見える）円板が2つ示されています。この図でも、図5-8と同様に2つの図面における寸法の表記が異なっており、違う形状の部品となります。

設計意図を代弁する重要な情報

　実際に、設計意図に応じてこの図の例のように**寸法表記**を使い分けることも珍しくありません。その理由はいくつかありますが、例えば、工作機械によっては、角度寸法よりも直交軸寸法のほうが精度よく加工できる場合があり、要求寸法精度との関係で直交座標系の寸法を入れることもあります。

　このように、寸法表記は単に長さや大きさを表すだけでなく、設計意図を代弁する重要な情報なのです。

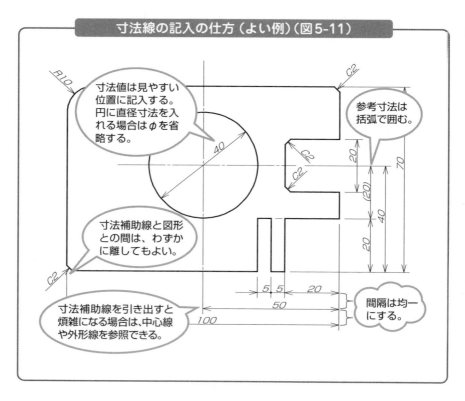

寸法線の記入の仕方（よい例）（図5-11）

設計意図を正しく表す寸法表記 5-2

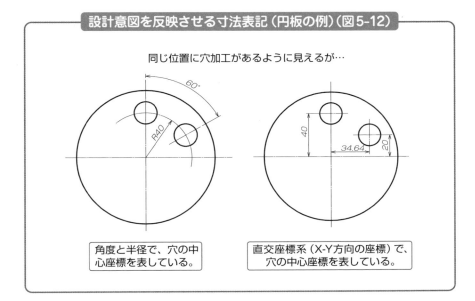

設計意図を反映させる寸法表記（円板の例）（図5-12）

寸法記入における基本的な留意事項をまとめておきます。

(1) 次の①〜④の寸法記入の原則を守る。
　①寸法線は等間隔に引く。
　②図形の近くに小さい寸法、外側に向けて順次、大きい寸法を記入する。
　③寸法線は交差しないようにする。
　④図面を見る作業者に、寸法値を計算させないように記入する。

(2) 主投影図に集中した寸法記入を行う。
　・主投影図に表せない寸法は、側面図などの投影図に記入する。

(3) 関連する寸法を1カ所にまとめて記入する。
　・図面中の2カ所（正面図と側面図など）に同一箇所の寸法記入をしない。
　・補足する投影図を描いた図面では、寸法はなるべく図形と図形の中間に記入するようにする。

5-2 設計意図を正しく表す寸法表記

（4）加工工程、組立て工程を考慮に入れて寸法記入をする。
　　・加工や組立ての際には必ず基準となる箇所があるが、この基準位置をもとに寸法を記入する。

　これらの主な事項の例を図5-13に示しました。図面の作成時には、その図面を見る者が誤って理解することがないよう、最大の気配りをすることが大切なのです。

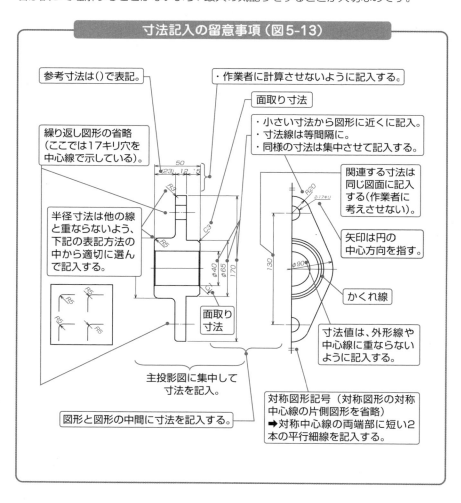

寸法記入の留意事項（図5-13）

5-3 製図記号の種類

図面には、多くの記号が用いられています。これらの記号は、図面を見やすくし、簡潔かつ的確に設計者の設計意図を伝えることに役立っています。

設計者の意図を簡潔に示す

単純な円筒部品であっても、図5-14に示すように多くの記号が用いられ、設計者の意図を簡潔な記号で示しています。

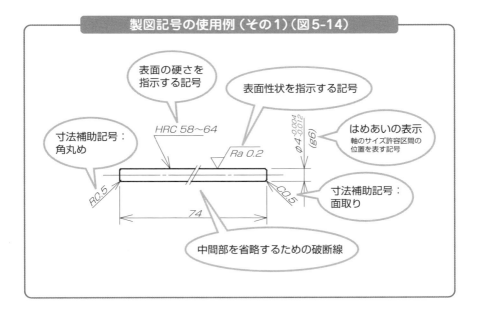

図面の注記中に**製図記号**が用いられることも多く、図5-15に示すように、多くの情報を簡潔に示すことに役立っています。

ここには、寸法補助記号、穴・軸の公差域の記号（はめあい記号）、幾何特性に用いる記号、付加記号、加工方法記号、材料記号、表面性状の図示記号などがありますが、このほかにも溶接記号や各種加工における公差記号などがあります。

5-3 製図記号の種類

製図記号の使用例（その２）（図5-15）

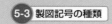

5-4 寸法補助記号

寸法補助記号には、直径、正方形、半径、球の直径や半径、厚さなどを表す役割があります。

 寸法補助記号の役割

第1章でも触れましたが、図5-16に示すように、図面に寸法補助記号『φ』が表記されると**円筒形**であることを意味します。もしも寸法補助記号『□』が表記されていたなら、その部品は**直方体**であることを意味します。

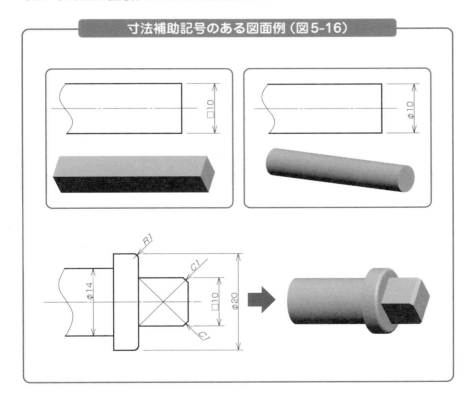

寸法補助記号のある図面例（図5-16）

5-4 寸法補助記号

　このように、**寸法補助記号**は、実際の立体形状を理解するための有効な手助けになります。

　また、寸法補助記号『C』『R』が表記されていると、これは切削加工品の面取りおよび丸みを指示するものなので、図に示すようにカド部が加工されることを意味します。面取り寸法の表記は、45°の面取りの場合は、面取り寸法値×45°と表記するか、寸法値の前に45°の面取りを示す寸法補助記号『C』を寸法値と同じ大きさで表記します。『R』に関しては、丸みを付けるカド部の寸法値の前に、寸法補助記号『R』を寸法値と同じ大きさで表記します。

　寸法の意味を明らかにし、正確の設計意図を伝えるために、寸法補助記号が用いられます。表5-1に寸法補助記号の種類と意味を示します。

▼寸法補助記号の種類と意味（表5-1）

記号	意味	表記例と表記例の意味
φ	180°を超える円弧の直径 または円の直径	φ50
Sφ	180°を超える球の円弧の 直径または球の直径	Sφ50
□	正方形の辺	□50
R	半径	R50
CR	コントロール半径	CR50
SR	球半径	SR50
⌒	円弧の長さ	⌒50 ⌒50
C	45°面取り寸法	C1
⋀	円すい（台）状の面取り	⋀120°
t	厚さ	t0.75
⊔	ざぐり／深ざぐり	9キリ ⊔ φ14
⋁	皿ざぐり	9キリ ⋁ φ14
↧	穴深さ	9キリ ⊔ φ20 ↧1

> 実際の立体形状を理解するために有効な手助けとなる。

144

5-5 材料記号

　材料の指定は、加工方法や段取り、工程管理、調達やコスト、工具の選定などに影響を与え、場合によっては協力工場の会社選定にまで影響を及ぼします。材料記号にも設計意図が含まれているのです。

記号を用いて材料を識別する

　図面に材料を指定する場合、一般に、JISで定められた材料記号を用いて表記します。材料記号は、「SS400」や「A5154P」のように、アルファベットと数字で構成されています。それぞれの文字が表している内容は、材料によって若干違っています。多くの金属材料における材料記号の構成を図5-17に示します。

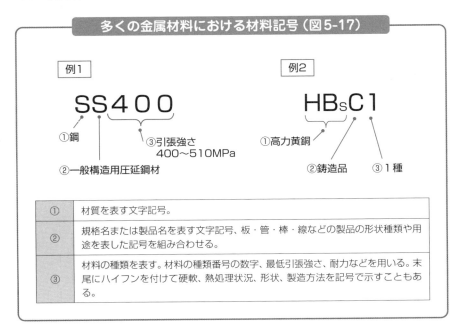

多くの金属材料における材料記号（図5-17）

例1
SS400
①鋼
②一般構造用圧延鋼材
③引張強さ 400〜510MPa

例2
HBsC1
①高力黄銅
②鋳造品
③1種

①	材質を表す文字記号。
②	規格名または製品名を表す文字記号、板・管・棒・線などの製品の形状種類や用途を表した記号を組み合わせる。
③	材料の種類を表す。材料の種類番号の数字、最低引張強さ、耐力などを用いる。末尾にハイフンを付けて硬軟、熱処理状況、形状、製造方法を記号で示すこともある。

また、材料記号の中に使われている文字が表す意味を表5-2、表5-3、表5-4、表5-5に示します。例えば、「SS400」の最初の「S」は、表5-2より鋼材を示します。そして次の「S」は、表5-3より一般構造用圧延鋼材を示します。残りの数字「400」は、材料の引張強さが400MPaであることを示しています。

▼材質を表す記号の例（表5-2）

記号	材質	備考
F	鉄	Ferrum
S	鋼	Steel
A	アルミニウム	Aluminum
B	青銅	Bronze
C	銅	Copper
HBs	高力黄銅	High Strength Brass
PB	りん青銅	Phosphor Bronze

COLUMN SS400とS45C

SS400は、一般的な鋼材として広く用いられています。加工性もよく、おそらく学校実習の頃から身近な材料としてよくご存じの方も多いでしょう。SS400は基本的に炭素を含んでいません。したがって、溶接しやすい材料だといえるでしょう。しかし、一般的な焼入れを行っても、表面硬化しません。これは炭素の含有量と関係があります。もし、SS400を用いて軸や軸受など摺動箇所を含む部品を製作するのであれば、何らかの工夫をする必要があるでしょう。例えば、軸受材などを用いるとか、浸炭や窒化処理などの表面処理により表面を硬くする方法があります。

一方、S45Cに代表される、炭素を含む鉄鋼材料も広く用いられています。この材料は、焼入れなどの熱処理で表面硬化させることが可能です。しかし、溶接を使用とするとなかなかうまく付きません。これも、炭素の含有量が関係します。溶接箇所がある場合は、炭素量の少ない材料、例えばS25C（炭素含有量約0.25%）などを用いるとよいでしょう。材料表記で、表面処理や溶接方法までがおよそ決まってしまうのです。

材料記号 **5-5**

▼規格名または製品名を表す記号の例（表5-3）

記号	規格名または製品名	備考	記号	規格名または製品名	備考
B	棒またはボイラ	Bar または Boiler	PC	冷間圧延鋼板	Cold Rolled Plate
C	鍛造品	Casting	PH	熱間圧延鋼板	Hot Rolled Plate
CMB	黒心可鍛鋳製品	malleable Casting Black	S	一般構造用圧延材	Structual
CMW	白心可鍛鋳製品	malleable Casting White	T	管	Tube
CM	クロムモリブデン鋼	Chromium Molybdenum	TK	構造用炭素鋼鋼管	（ローマ字）
Cr	クロム鋼	Chromium	TKM	機械構造用炭素鋼鋼管	（ローマ字）
F	鍛造品	Forging	TPG	圧力配管用炭素鋼鋼管	Piping Tube
GP	配管用ガス管	Gas Pipe	U	特殊用途鋼	Special Use
KS	合金工具鋼	Special	UJ	軸受鋼	（ローマ字）
KD	合金工具鋼（ダイス鋼）	（ローマ字）	UP	ばね鋼	Spring
M	中炭素、耐候性鋼	Medium Carbon Marine	US	ステンレス鋼	Stainless
			V	リベット用圧延材	Rivet
NC	ニッケルクロム鋼	Nickel Chromium	W	線	Wire
			WP	ピアノ線	Piano Wire
NCM	ニッケルクロムモリブデン鋼	Nickel Chromium Molybdeum	WRM	軟鋼線材	Mild Wire Rod
			WRH	硬鋼線材	Hard Wire Rod
P	板	Plate	WRS	ピアノ線材	Spring Rod

5

基本的な図面の表し方

▼材料の種類を表す記号の例（表5-4）

記号	意味
1	1種
2S	2種特殊扱い
A	A種
3A	3種A
330	引張強さ（MPa）
10C	炭素含有量

▼材料記号の末尾に加える記号の例（表5-5）

記号	意味
-O	軟質
-1/2H	半硬質
-H	硬質
-EH	特硬質
-F	製出のまま
-D	引抜き

5-5 材料記号

　伸銅品の材料記号の構成を図5-18に示します。また、アルミニウム展伸材の材料記号の構成を図5-19に示します。これらの合金系の材料記号は、合金や合金の系統を示す文字が含まれます。

　種類によっては、調達が困難な材料もあります。代替品の候補がある場合は、図中に併記しておくとよいでしょう。逆に、入手可能ならば積極的に調達したい材料を要目表に記入する場合もあります。例えば、**スウェーデン鋼**＊を製作材料として用いたい場合は、参考材料名として、要目表の備考欄などに掲げておくとよいでしょう。

COLUMN　デジタルプロダクツドキュメンテーション（DPD）とは

　3次元CADの規格に関して、世界的な標準化が進められています。

　幅広い分野におけるモノづくりへの3次元CADデータの適用が進められている中で、グローバル展開をしたときに、データの引き渡しやデータ変換で問題が起こる事例も増えてきました。これは、国際的な標準規格が整備されていないためであり、ISOとそれに準拠するJISにおいて、3次元CADの規格化が進められています。これを、**デジタルプロダクツドキュメンテーション**（DPD）といいます。

COLUMN　武士道「礼」を知る！

　「礼」は、機械製図やモノづくり現場における多くの配慮に通じる概念であり、他者を尊重する心とそれに伴う道理にかなった行動をいいます。これは、他者への尊敬と自らの謙虚さが根源となるもので　す。「武士道」では「道理にかなった行動や礼が尽くされたものには優美さが備わる」と考えますが、そのことは「設計上の検討が尽くされた製品は美しい」という事実にも合致しています。

＊**スウェーデン鋼**　　一般にスウェーデンの北部から採れる鉄鉱石により生産される鋼材をいう。スウェーデン鋼は硬度が高く、高品質の鋼材として世界的に高い評価を得ている。日本でも、スウェーデン鋼は設計者に信頼されている。

材料記号 5-5

伸銅品の材料記号（図5-18）

例1

C2600B
- 棒
- CDA※と等しい合金：0、合金の改良形：1〜9
- CDA※の合金記号
- 銅または銅合金を表す。

CDA※の合金記号

左の桁は合金の系列を表す。上記例の「2」はCu-Zn系合金。

- 1：Cu・高Cu系合金
- 2：Cu-Zn系合金
- 3：Cu-Zn-Pb系合金
- 4：Cu-Zn-Sn系合金
- 5：Cu-Sn系合金・Cu-Sn-Pb系合金
- 6：Cu-Al系合金・Cu-Si系合金・特殊Cu-Zn系合金
- 7：Cu-Ni系合金・Cu-Ni-Zn系合金

※CDA：Copper Development Association

アルミニウム展伸材の材料記号（図5-19）

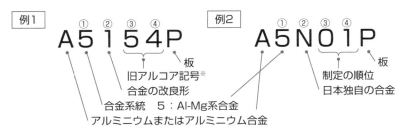

例1　A5154P　①②③④
- ④板
- ③旧アルコア記号※
- ②合金の改良形
- ①合金系統　5：Al-Mg系合金
- アルミニウムまたはアルミニウム合金

例2　A5N01P　①②③④
- ④板
- ③制定の順位
- ②日本独自の合金

①合金系統
- 1：アルミニウム純度99.00%またはそれ以上の純アルミニウム
- 2：Al-Cu-Mg系合金
- 3：Al-Mn系合金
- 4：Al-Si系合金
- 5：Al-Mg系合金
- 6：Al-Mg-Si系合金
- 7：Al-Zn-Mg系合金
- 8：上記以外の系統の合金
- 9：予備

②0：基本合金　1〜9：合金の改良系　N：日本独自の合金

③④純アルミニウムの純度小数点以下2桁、
合金に関しては旧アルコア※の呼び方を原則として付ける。
日本独自の合金については、合金系別に制定順に1〜99の番号を付ける。

※Aluminium Company of America

5-6 溶接記号

製図の中で溶接を指示する場合、溶接記号および表示方法がJIS Z 3021に規定されています。

溶接記号の役割

溶接記号の主なものを表5-6、表5-7に示します。また、必要に応じて表5-8に示すような補助記号を用います。

一般に溶接する部材は、良好な接合が実現できるように、接合端面に溝を付けます。この溝を**開先**（groove）といいます。また、円弧状の部分を溶接する場合は、その開先を**フレア**（flare）と呼んでいます。溶接の図示には、溶接の方法と仕上がり具合、開先の種類を示す必要があります。また、溶接記号や補助記号のほかに**説明線**も用いられています。代表的な説明線を図5-20に示します。

▼溶接記号①：主な基本記号（表5-6）　　　　　　　　　　　Z3021-2016から抜粋

溶接の種類	記号 （破線は基線を示す）	溶接の種類	記号 （破線は基線を示す）
I 形開先溶接	‖	抵抗スポット溶接	⊖
V形開先溶接	∧	溶融スポット溶接	○
レ形開先溶接	ト	抵抗シーム溶接	⊝
U形開先溶接	∪	溶融シーム溶接	⊖
J形開先溶接	⊢	スタッド溶接	⊗
V形フレア溶接	∧	へり溶接	‖‖
レ形フレア溶接	⊩	肉盛溶接	∽

溶接記号 5-6

すみ肉溶接	▽	ステイク溶接	△
プラグ溶接 スロット溶接	⊔		

▼溶接記号②：基本記号を組み合わせた両側溶接継手の記号（表5-7）　Z3021-2016から抜粋

溶接の種類	記号 （破線は基線を示す）	溶接の種類	記号 （破線は基線を示す）
X形開先溶接	✕	K形開先溶接 および すみ肉溶接	
K形開先溶接	⊬		
H形開先溶接	⋈		

▼溶接記号③：主な補助記号（表5-8）　Z3021-2016から抜粋

名称	記号 （破線は基線を示す）	名称	記号 （破線は基線を示す）
平ら	────	スペーサ	▭
凸形	⌒	消耗インサート材	▫
凹形	⌣	全周溶接	○
滑らかな 止端仕上げ	‿	二点間溶接	←→
裏溶接 裏当て溶接（V形開先 溶接後に施工する）	⌓	現場溶接	▸
裏波溶接（フランジ溶 接・へり溶接を含む）	◖	チッピング	C
裏当て	⬓	グラインング	G
取り外さない 裏当て	M	切削	M
取り外す 裏当て	MR	研磨	P

5

基本的な図面の表し方

151

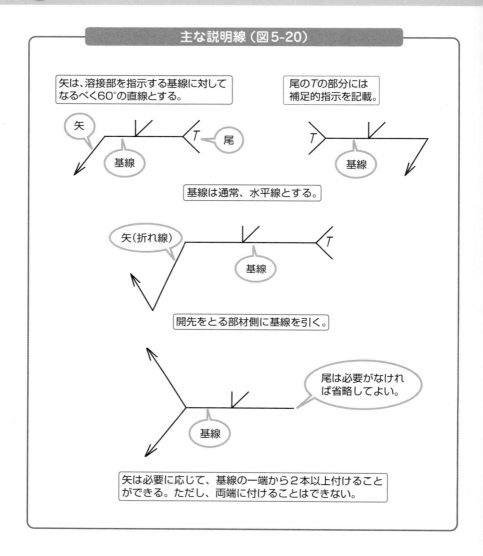

図5-21に溶接記号の表記例を示します。補助記号、寸法、強さなどの溶接施行内容は、基線に対して基本記号と同じ側に記載します。溶接方法など、特に指示する必要がある事項は、尾の部分に記載します。

溶接記号の表記例（図5-21）

(1) 一般に、説明線には細い実線を用います。
(2) 基線、矢、尾で構成されていて、必要がなければ尾は省略できます。
(3) 矢は溶接部を指示します。基線に対してなるべく60°の直線とします。
(4) 溶接部の形状がレ形、K形、J形および両面J形であって、開先をとる部材の面を指示する必要がある場合は、開先をとる部材側に基線を引き、矢を折れ線とし、開先をとる面に矢の先端を向けます。
(5) V形フレアやレ形フレアにおいても、フレアのある部材の面を指示する必要がある場合は、同様に線を引きます。

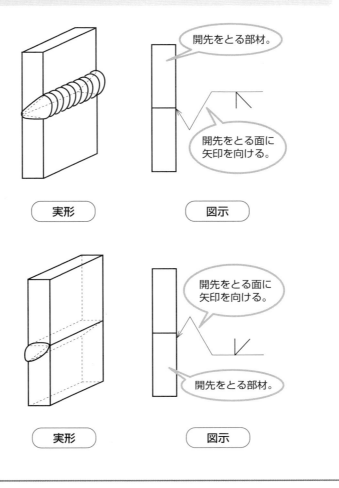

5-7 Oリング（あえて書く寸法、書かない寸法①）

図面に寸法表記は欠かせないもので、かつ重要です。設計意図は、寸法の入れ方によっても示されますが、その寸法をあえて省略したり、既知にもかかわらず書き加えたりすることがあります。それは、正確かつ確実に意思を伝達するためです。

Oリングの異なる溝寸法

Oリングの溝に関しては、第2章でも触れたとおり、溝寸法の呼びとOリングの呼びは、必ず一致するわけではありません。内圧用途と外圧用途とでは、同じOリングでも異なる溝寸法になるからです。したがって図中には、内圧用なのか外圧用なのかが明確に示されている必要があります。

Oリング溝の仕様については、図5-22に示すように、引き出し線を用いて図中に記載しておけば、詳細な溝寸法に関してはすべてJISにより規格化されているので、図中に表記しなくても作業者が加工を進めることは可能です。

タップによりねじ山を創生する際に、下穴寸法を図面上に書かずに省略して出図することも多々ありますが、同様の理由でOリング溝の寸法やサイズ公差の表記が省略される場合もあります。しかし、図面が過密になって見にくいなど特別な場合を除き、原則としてこれらはすべて表記すべきです。加工作業者に、「加工作業の途中でOリングの溝寸法やサイズ公差を確認するために規格書を開いて調べる」といった余計な手間をかけさせない配慮が大切です。このような配慮は、結果として加工ミスを防ぎ、労力や時間の節約に役立つのです。

ポイントアドバイス

Oリングの溝

Oリングの溝に関しては、内圧用途と外圧用途とで、同じOリングでも異なる溝寸法となる。したがって、内圧用なのか外圧用なのかが明確に示されている必要がある。

Oリング（あえて書く寸法、書かない寸法①） 5-7

Oリングの溝寸法を書かない例（図5-22）

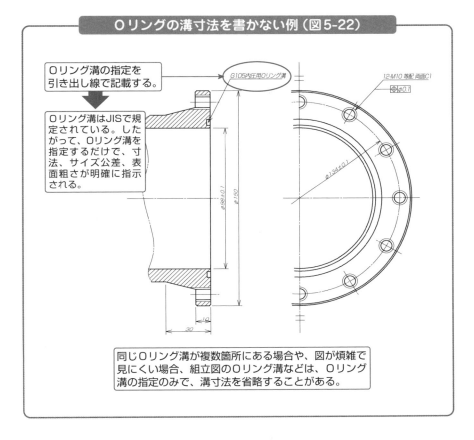

Oリング溝の指定を引き出し線で記載する。

Oリング溝はJISで規定されている。したがって、Oリング溝を指定するだけで、寸法、サイズ公差、表面粗さが明確に指示される。

同じOリング溝が複数箇所にある場合や、図が煩雑で見にくい場合、組立図のOリング溝などは、Oリング溝の指定のみで、溝寸法を省略することがある。

寸法記入の省略

Oリング溝寸法を記入しなくても作業者が明らかに困らない場合は、混雑している図面を見やすくするため、寸法記入を省略することがある。混み入った図面では、見落としや見誤りがあっては困るので、状況に応じてこのような配慮をする。

5-7 Oリング（あえて書く寸法、書かない寸法①）

 寸法記入を省略する

　Oリング溝寸法を記入しなくても作業者が明らかに困らない場合において、混雑している図面を見やすくするための配慮により、寸法記入を省略することがあります。

　混み入った図面では、見落としや見誤りがあっては困るので、状況に応じてこのような配慮をするのです。同じ品物に同じOリング溝が複数箇所ある場合は、寸法値を1カ所記載すればよいでしょう。組立図では、省略したほうが見やすいことが多いといえます。

　一方で、図5-23に示すように、Oリング溝の周辺形状に特徴があるなどの理由で加工時に気を付けてほしい場合や、JIS規格以外の溝を要求する場合、細かい箇所などは適宜、倍尺などを利用して抜き出し、詳細図を記載することにより、設計意図を明確に表示します。

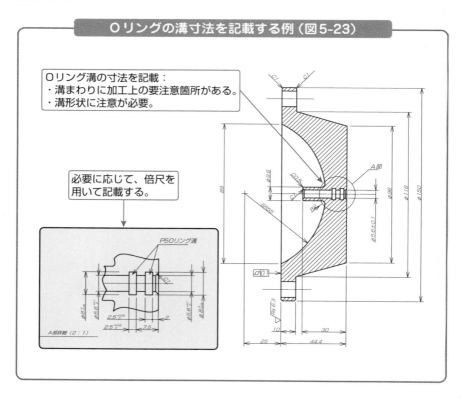

Oリングの溝寸法を記載する例（図5-23）

5-8 はめあい（あえて書く寸法、書かない寸法②）

軸と穴が互いにはまりあう関係を**はめあい**といいます。軸と穴の関係は、サイズ公差方式によって規定した **ISOはめあい方式** によって決めています。

はめあいと寸法許容差

参考資料として多く用いられる、はめあいの穴の寸法許容差と軸の寸法許容差の一部を、表5-9、表5-10に示します。

▼多く用いられる、はめあいの穴の寸法許容差（JIS B 0401-2 抜粋）（表5-9）

寸法の区分(mm) を超え	以下	B10	B9	C10	C9	D10	D9	D8	E9	E8	E7	F8	F7	F6	G7	G6	H6	H7	H8	H9	H10
—	3	+180/+140	+85/+60	+100/+60	+34/+20	+45/+20	+60/+20	+24/+14	+28/+14	+39/+14	+12/+6	+16/+6	+20/+6	+8/+2	+12/+2	+6/0	+10/0	+14/0	+25/0	+40/0	
3	6	+188/+140	+100/+70	+118/+70	+48/+30	+60/+30	+78/+30	+32/+20	+38/+20	+50/+20	+18/+10	+22/+10	+28/+10	+12/+4	+16/+4	+8/0	+12/0	+18/0	+30/0	+48/0	
6	10	+208/+150	+116/+80	+136/+80	+62/+40	+76/+40	+98/+40	+40/+25	+47/+25	+61/+25	+22/+13	+28/+13	+35/+13	+14/+5	+20/+5	+9/0	+15/0	+22/0	+36/0	+58/0	
10	14	+220/+150	+138/+95	+165/+95	+77/+50	+93/+50	+120/+50	+50/+32	+59/+32	+75/+32	+27/+16	+34/+16	+43/+16	+17/+6	+24/+6	+11/0	+18/0	+27/0	+43/0	+70/0	
14	18																				
18	24	+244/+160	+162/+110	+194/+110	+98/+65	+117/+65	+149/+65	+61/+40	+73/+40	+92/+40	+33/+20	+41/+20	+53/+20	+20/+7	+28/+7	+13/0	+21/0	+33/0	+52/0	+84/0	
24	30																				
30	40	+270/+170	+182/+120	+220/+120	+119/+80	+142/+80	+180/+80	+75/+50	+89/+50	+112/+50	+41/+25	+50/+25	+64/+25	+25/+9	+34/+9	+16/0	+25/0	+39/0	+62/0	+100/0	
40	50	+280/+180	+192/+130	+230/+130																	
50	65	+310/+190	+214/+140	+260/+140	+146/+100	+174/+100	+220/+100	+90/+60	+106/+60	+134/+60	+49/+30	+60/+30	+76/+30	+29/+10	+40/+10	+19/0	+30/0	+46/0	+74/0	+120/0	
65	80	+320/+200	+224/+150	+270/+150																	
80	100	+360/+220	+257/+170	+310/+170	+174/+120	+207/+120	+260/+120	+107/+72	+126/+72	+159/+72	+56/+36	+71/+36	+90/+36	+34/+12	+47/+12	+22/0	+35/0	+54/0	+87/0	+140/0	
100	120	+380/+240	+267/+180	+320/+180																	

5-8 はめあい（あえて書く寸法、書かない寸法②）

▼多く用いられる、はめあいの軸の寸法許容差（JIS B 0401-2 抜粋）（表5-10）

寸法の区分(mm) を超え	以下	b9	c9	d8	d9	e7	e8	e9	f6	f7	f8	g5	g6	h5	h6	h7	h8	h9
—	3	-140/-165	-60/-85	-20/-34	-20/-45	-14/-24	-14/-28	-14/-39	-6/-12	-6/-16	-6/-20	-2/-6	-2/-8	0/-4	0/-6	0/-10	0/-14	0/-25
3	6	-140/-170	-70/-100	-30/-48	-30/-60	-20/-32	-20/-38	-20/-50	-10/-18	-10/-22	-10/-28	-4/-9	-4/-12	0/-5	0/-8	0/-12	0/-18	0/-30
6	10	-150/-186	-80/-116	-40/-62	-40/-76	-25/-40	-25/-47	-25/-61	-13/-22	-13/-28	-13/-35	-5/-11	-5/-14	0/-6	0/-9	0/-15	0/-22	0/-36
10	14	-150/-193	-95/-138	-50/-77	-50/-93	-32/-50	-32/-59	-32/-75	-16/-27	-16/-34	-16/-43	-6/-14	-6/-17	0/-8	0/-11	0/-18	0/-27	0/-43
14	18	-150/-193	-95/-138	-50/-77	-50/-93	-32/-50	-32/-59	-32/-75	-16/-27	-16/-34	-16/-43	-6/-14	-6/-17	0/-8	0/-11	0/-18	0/-27	0/-43
18	24	-160/-212	-110/-162	-65/-98	-65/-117	-40/-61	-40/-73	-40/-92	-20/-33	-20/-41	-20/-53	-7/-16	-7/-20	0/-9	0/-13	0/-21	0/-33	0/-52
24	30	-160/-212	-110/-162	-65/-98	-65/-117	-40/-61	-40/-73	-40/-92	-20/-33	-20/-41	-20/-53	-7/-16	-7/-20	0/-9	0/-13	0/-21	0/-33	0/-52
30	40	-170/-232	-120/-182	-80/-119	-80/-142	-50/-75	-50/-89	-50/-112	-25/-41	-25/-50	-25/-64	-9/-20	-9/-25	0/-11	0/-16	0/-25	0/-39	0/-62
40	50	-180/-242	-130/-192	-80/-119	-80/-142	-50/-75	-50/-89	-50/-112	-25/-41	-25/-50	-25/-64	-9/-20	-9/-25	0/-11	0/-16	0/-25	0/-39	0/-62
50	65	-190/-264	-140/-214	-100/-146	-100/-174	-60/-90	-60/-106	-60/-134	-30/-49	-30/-60	-30/-76	-10/-23	-10/-29	0/-13	0/-19	0/-30	0/-46	0/-74
65	80	-200/-274	-150/-224	-100/-146	-100/-174	-60/-90	-60/-106	-60/-134	-30/-49	-30/-60	-30/-76	-10/-23	-10/-29	0/-13	0/-19	0/-30	0/-46	0/-74
80	100	-220/-307	-170/-257	-120/-174	-120/-207	-72/-107	-72/-126	-72/-159	-36/-58	-36/-71	-36/-90	-12/-27	-12/-34	0/-15	0/-22	0/-35	0/-54	0/-87
100	120	-240/-327	-180/-267	-120/-174	-120/-207	-72/-107	-72/-126	-72/-159	-36/-58	-36/-71	-36/-90	-12/-27	-12/-34	0/-15	0/-22	0/-35	0/-54	0/-87

　例えば、「φ20g6」の軸の直径は「φ20$^{-0.007}_{-0.020}$」と同じ意味なので、実際の軸の直径寸法は「19.980〜19.993」の範囲に仕上がっています。また、「φ20H7」の穴の直径は「φ20$^{+0.021}_{0}$」と同じ意味なので、「20.000〜20.021」の範囲に仕上がっています。

サイズ公差とはめあいの併記

図5-24に示す品物を見てみましょう。はめあい箇所が2カ所あります。1つは「H7」と記入されている穴の箇所、もう1つは「g4」と記入されている軸の箇所です。

ここでは、サイズ公差を数字で記入し、公差クラス「H7」「g4」を括弧付きで併記しています。もちろん、どちらか一方だけの記入でも、作業者は加工することが可能です。

ここで両方併記している理由は、いろいろ考えられます。その1つとして、はめあい記号を記入しておけば、組立図を見るまでもなく、この部分がはめあいだとわかるからです。

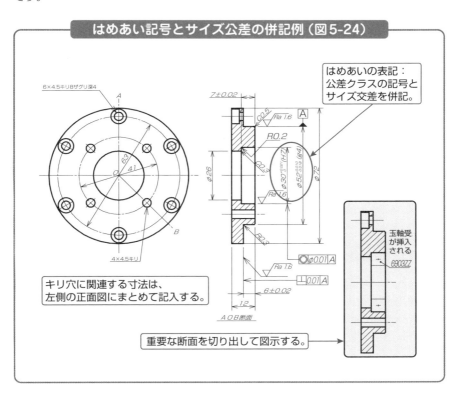

はめあい記号とサイズ公差の併記例（図5-24）

5-8 はめあい（あえて書く寸法、書かない寸法②）

はめあいを記号で伝える

場合によっては、嵌合状態を確認しながら加工することがあるかもしれません。このようなときに、はめあいであることを記号のみで伝えることが可能です。

また、サイズ公差の数字を記入しておけば、加工作業者は、「公差クラスと図示サイズ（基準寸法）から、上の許容サイズ（最大許容寸法）と下の許容サイズ（最小許容寸法）を確認する」手間が省けます。

これらは、図中において、はめあい箇所周辺の混雑具合によっても、図面の見やすさの観点から配慮されることがあります。とはいえ、可能ならば併記しておくほうが、設計意図を明確に示すことができるでしょう。

サイズ公差の数字を記入する

サイズ公差の数字を記入しておけば、加工作業者は、公差クラスと図示サイズをもとに規格表からサイズ公差の値を見つける手間が省ける。図中において、はめあい箇所周辺の混雑具合によっても、図面の見やすさの観点から配慮されることもあるが、可能ならば併記しておくほうがよい。

COLUMN　武士道「名誉」「忠義」を知る！

「名誉」は、人格の尊厳と価値の自覚を基礎とするもので、武士にとっては最高の善と位置付けられます。真の名誉は他者から与えられるものではなく、おのれ自身の中にあり、したがって、知識や財産ではなく名誉を追求し、そのためにはいかなる苦難にも耐える忍耐力が必要である、と説いています。拝金主義的な生産活動やコスト優先の粗悪設計、検査の手抜きは許されないのです。昨今、検査不正、コスト優先により発生する事故、現地の労働力搾取による生産活動がたびたび報じられますが、設計者はこのようなことをしてはなりません。

「忠義」は、社会の中における個人のあり方を説くものであり、これは単に「主君の命に従う」ということではなく、「間違っていることは、身を挺してでも諌める」ことです。事実を見つめ、必要ならば事実に基づいた提言を社会に向けて発信していくことが、技術者の責務だといえます。

5-9 歯車（あえて書く寸法、書かない寸法③）

ねじやOリング、はめあいといった規格化されている部分の寸法表記は、設計意図を明確に表現するうえでも、必要に応じて記入方法が多少変わることを述べました。これに関連して、規格と基礎計算式で簡単に形状がわかる場合にも、寸法記入を省略することがあります。

モジュールが指定されれば寸法が決まる

図5-25に示す例は、標準平歯車の歯の形状とその名称です。歯車の歯形曲線は、インボリュート曲線あるいはサイクロイド曲線などを用いて創生されますが、この歯車の歯の図面は、省略図が許容されています。

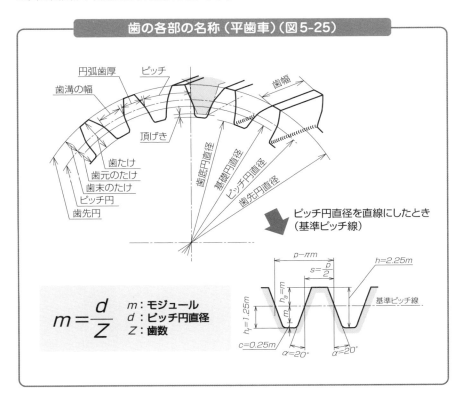

歯の各部の名称（平歯車）（図5-25）

$$m = \frac{d}{Z}$$

m：モジュール
d：ピッチ円直径
Z：歯数

5-9 歯車（あえて書く寸法、書かない寸法③）

例えば、図5-26に示す標準平歯車は、歯形の外形線が省略され、太い実線で示される歯先円と、細い一点鎖線で示される**ピッチ円直径**で表しています。

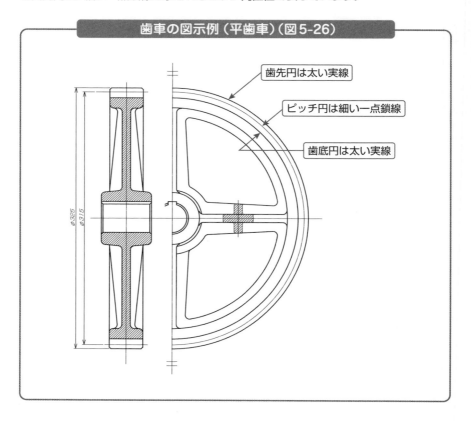

歯車の図示例（平歯車）（図5-26）

標準平歯車の歯の形状および歯車の基本的な寸法は、図5-25に見られる**モジュール m [mm]**によってすべて決まります。そして、モジュールはJISにより規格化されているので、モジュール m が指定されれば、表5-11に示す計算式で寸法がおおむね決まるのです。

歯車（あえて書く寸法、書かない寸法③） **5-9**

▼標準平歯車の各部の寸法（表5-11）

基準圧力角	$\alpha = 20°$	円弧歯厚	$s = \dfrac{\pi m}{2}$
基準ピッチ円直径	$d = Zm$	頂げき	$c \geq 0.25m$
歯先円直径	$d_a = (Z+2)m$	歯末たけ	$h_a = m$
基礎円直径	$d_b = Zm\cos\alpha$	歯元たけ	$h_f \geq 1.25m$
円ピッチ	$P = \pi m$	全歯たけ	$h \geq 2.25m$
法線ピッチ	$P_b = \pi m\cos\alpha$	（たけの関係式）	$h = h_a + h_f$ $h_f = h_a + c$

　そこで、歯車の図面には、図5-27に示すような歯車の仕様を示す**要目表**を準備し、図中に記載するようにします。

要目表の例（図5-27）

歯車歯形		標準		仕上方法	ホブ切り
基準ラック	歯形	並歯		精度	JIS B1702　9級
	モジュール	3	備考	熱処理のこと	
	圧力角	20°			
歯数		91			
基準ピッチ円直径		273			
転位量		0			
歯たけ		6.75			
歯厚	またぎ歯厚				

5

基本的な図面の表し方

5-9 歯車（あえて書く寸法、書かない寸法③）

 特別な配慮が必要ない場合、歯形の図示は省略できる

　これにより、図中では、歯形の詳細な寸法を省略し、歯先円直径寸法とピッチ円直径寸法を記入すれば、歯車の詳細寸法が決まるのです。多くの場合、標準平歯車は標準品として入手することが可能です。

　したがって、かみ合い部などに特別な配慮が必要でなければ、図面の簡略化のため、歯形の図示は省略します。もちろん、特殊な歯車、かみ合い部に特別な細工が必要な場合、工作機械で歯切り加工を行う場合などは、しっかりと歯形を書く必要があるでしょう。

COLUMN　コストの意識②

　下図は、圧縮機のピストンヘッドとコネクティングロッドの組立部を示しています。ピストンヘッドとコネクティングロッドを連結させようと考えたとき、一般にはピストンピンを用いて組み立てることを考えるでしょう。しかしここでは、ボールジョイントを用い、ピストンヘッドの内側にかしめるだけで固定しています。ピストンピンを用いて固定する通常の方法に比べて部品点数も減り、かつ専用の組立機械を用意すれば一瞬のかしめだけで組み立てられるので、圧倒的なコスト削減を図ることができます。このピストンを用いた圧縮機は、品質・性能ともに素晴らしく、開発技術者の知恵と技術に敬意を払わずにはいられないですね。

コストを意識した設計例②

- ピストンヘッド
- コネクティングロッド
- ボールジョイント
- かしめるだけでボールジョイントを固定している。

理論的な寸法

　加工作業者は、図面に記入されている寸法値を参照し、当てはめサイズ（実寸法）がその数値になるように、加工作業を進めます。しかし、必ずそこには誤差が生じるので、許容する誤差をサイズ公差として指示します。

　図5-28に、6つの円孔がある平板を示します。左右の図はほぼ同じ形状で、同じサイズ公差「±0.1」が記入されていますが、寸法の入れ方が違っています。

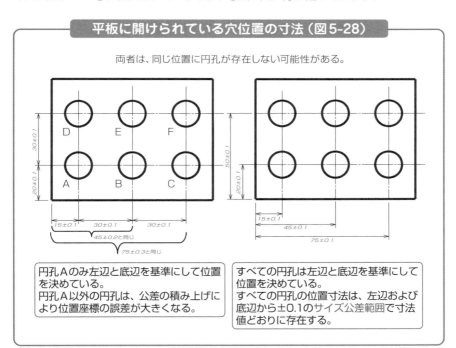

平板に開けられている穴位置の寸法（図5-28）

円孔Aのみ左辺と底辺を基準にして位置を決めている。
円孔A以外の円孔は、公差の積み上げにより位置座標の誤差が大きくなる。

すべての円孔は左辺と底辺を基準にして位置を決めている。
すべての円孔の位置寸法は、左辺および底辺から±0.1のサイズ公差範囲で寸法値どおりに存在する。

　右側の平板では、すべての円孔について、左辺と底辺を基準にしてその中心の寸法が記入されています。一方、左側の平板では、隣の円孔を基準にして寸法が記入されています。

　右側の図面の設計意図は、「6つの穴すべての位置が、同じ基準からしかるべきサイズ公差（ここでは±0.1）で存在する」ことを要求するものです。また左側の図面の設計意図は、「穴と穴の間の距離がしかるべきサイズ公差（この場合±0.1）で等間隔に存在する」ことを要求するものです。

5-9 歯車（あえて書く寸法、書かない寸法③）

両者は明確に異なる設計意図があるのです。

この円孔の位置について、幾何学的に厳密な位置を指定するには、図5-29に示すように、寸法値を四角で囲んで表記します。これは「理論的に正しい寸法」を意味するので、公差はありません。設計意図として、理論的に正しい位置を指示したい場合は、このように記入するのです。

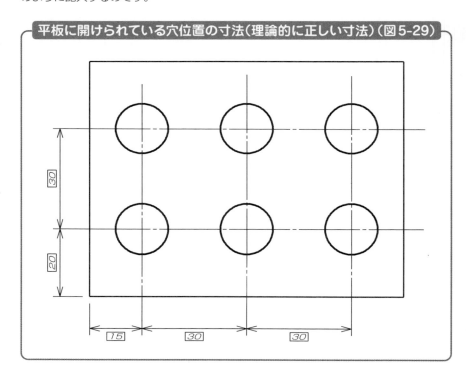

平板に開けられている穴位置の寸法（理論的に正しい寸法）（図5-29）

Chapter

6

サイズ公差の表し方

　図面中に書かれている外形線、寸法値、表題欄、要目欄、注記などは、設計者の設計意図を示し、材料手配や加工、各種段取りに影響を及ぼします。その中でも**サイズ公差**は、設計者の所望する品物に対する重要要求事項——つまり性能に大きな影響を及ぼす事項が含まれていたり、コストや納期に大きな影響を及ぼしたりする、究極の設計意図の表示だといえるでしょう。

6-1 サイズ公差とは

目的とする品物の寸法について、**大きさや形ならびに穴の位置などの誤差を一定量許容するとき、許容範囲の上限と下限の差**を、**サイズ公差**（または**寸法公差**）といいます。

はさみで切った正方形の紙

　子供の頃に、新聞の折り込み広告などを使って折り鶴や兜（かぶと）を折った経験はないでしょうか。折り紙には正方形の紙が必要なので、長方形の大きな広告紙に、4辺が同じ長さになるようにサインペンで線を引き、はさみで切って正方形の紙をつくりました。ところが、実際に長方形から正方形を切り出して紙を折ってみると、どうもいびつになっているな、と気付くことがよくあります。

　4辺をきちんと測って線を引いたのに、半分に折ると角がぴったりと合わないのはなぜなのか、子供心に考えてみました。サインペンの線は、1mmくらいの幅を持った線です。そして、紙をはさみで切るときに、幅のある線の幅の中央に合わせて切るのか、左サイドに沿わせて切るのか、右サイドに沿わせるのかによって、寸法が変わることに気付きました。

　それならば線の幅の中央を切るぞ！　と意気込んでみても、今度は、はさみを持つ手がはさみを正確に線の中央に合わせて操作できるはずもなく、結局はいびつになるのです。兜を折るにも鶴を折るにも、はさみ作業の不器用さによる多少のいびつさは、逆に味わい深い出来栄え（？）につながって、折り紙の当初の目的は達成でき、結局はいびつな作品もそれでよいということになるのです。

　当初の目的が達成されるために許容されるいびつさとして、「1辺の長さは300mmではなく299〜301mmの間にあればよい」などとあらかじめ範囲を指定しておけば、おおよそ同じ品質の折り紙ができあがります。

168

加工誤差の許容範囲「公差」

　そもそも、人間が作業しているので、紙を完全な形に切ることはできないのです。したがって、「このくらいの範囲で正方形に近い形に切っておけばよい」という範囲を設定しておくと便利です。そこに設計の意図が存在します。**公差**にはサイズ公差のほかにもいろいろな種類がありますが、いずれも「許容される限界」を意味するものなのです。

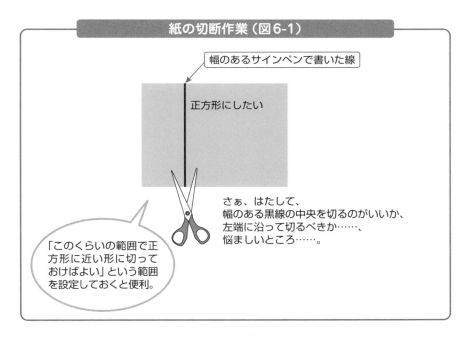

紙の切断作業（図6-1）

公差の役割

公差は「許容される限界」を意味する。加工作業者は、公差の範囲に入るように製作することができる。長さや角度に関わる許容限界を示す**サイズ公差**、幾何学的に正しい形状や位置などから狂ってもよい領域を数値で示す**幾何公差**がある。

許容限界サイズの範囲「サイズ公差」

目的のものが折り紙ではなく機械製品の場合、素材としては紙ではなく、金属やプラスティックなどの工業材料を用いることとなります。また、製作にははさみではなく、多くの場合は旋盤やフライス盤などの工作機械を使用します。

さらに、取り扱う寸法の最小単位は、ミリメートル[mm]から1/1000に小さくなったマイクロメートル[μm]、あるいはそれ以下のサブミクロンにまで及びます。

この領域でも折り紙と同じように、目的を達成するのに許容される範囲（例えば、機械の機能が十分に保たれるような寸法の範囲）を設定しておけば、加工作業者はその範囲に入るように製作することができます。図面に記入されている寸法（**図示サイズ**といいます）に対して、実際に使用するうえで差し支えのない限界の寸法（**許容限界サイズ**といいます）を定めます。許容限界サイズのうち、大きいほうを**上の許容サイズ**、小さいほうを**下の許容サイズ**といいます。両者の差を**サイズ公差**といいます。

図6-2に示す円の直径は、公差±dを指示されています。これは、実際の円の直径が$D-d$を直径とする円と$D+d$を直径とする円の間に存在することを意味します。加工作業者は、この範囲に入るように加工すればよいのです。

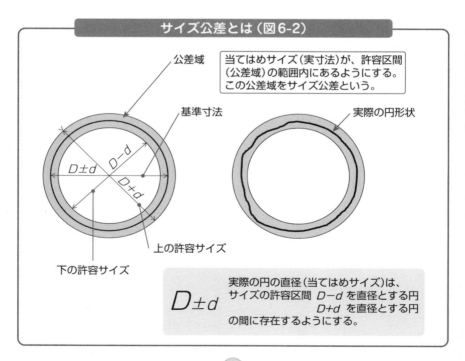

サイズ公差とは（図6-2）

当てはめサイズ（実寸法）が、許容区間（公差域）の範囲内にあるようにする。この公差域をサイズ公差という。

$D\pm d$

実際の円の直径（当てはめサイズ）は、サイズの許容区間 $D-d$ を直径とする円と $D+d$ を直径とする円の間に存在するようにする。

狂ってもよい領域を数値で示す「幾何公差」

　近年の工業製品には高い品質を要求される場合が多く、機械部品にも精密加工や高い組立て精度が求められます。これらを実践するには、サイズ公差のほかに、部品の形状、姿勢や位置の偏差、振れを指示する必要があります。

　機械部品は、加工機への取り付け時の誤差、工具の形状による誤差など様々な要因によって、幾何学的に完全な形体に仕上げることは不可能です。「その製品機械の機能上支障がない範囲内で、幾何学的に正しい形状や位置などから狂ってもよい領域」を数値で示したものを、**幾何公差**といいます。

　幾何公差はJISによって規格化されているので、製図の際は規格に従い、設計上の意図を図面に反映させるのです。

　図6-3に、軸と軸受の関係図を示します。軸が軸心に対して傾いていると、軸受内で焼き付きの原因となります。こうした不具合を回避するためには、幾何公差を指示し、理論的な軸心に対して実際の軸が傾いてしまってもよい量の範囲を定めます。

　幾何公差には多くの種類がありますが、これらを安易に指示すると、加工作業者は指示どおりに仕上がっているかどうか確認するための計測作業が多くなり、作業効率が悪くなります。幾何公差もサイズ公差と同様に適切な指示が大切です。

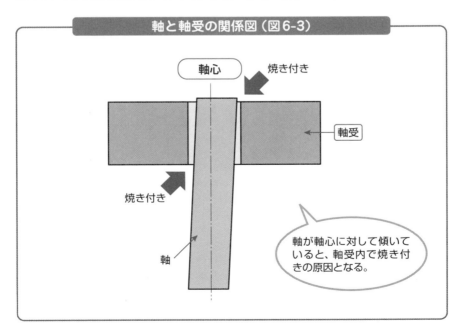
軸と軸受の関係図（図6-3）

6-2 公差が影響を及ぼす因子

日本のモノづくり技術は世界でもトップクラスといわれています。精密機械を年間何十万台と生産する生産技術は、少資源国といわれるわが国の重要な基幹技術です。そして、それを支えている技術の1つが、適切な**公差指示**です。

適切な公差設定が重要

サイズ公差や**幾何公差**は、その機械の機能を維持するために、製作における各種の値の許容範囲を示しています。しかし、図6-4に示すように、この許容範囲を狭くすれば、製作の技術的難度が高くなり、かつ製作時間も長くなります。当然、製品のコストに大きく反映され、コストは高くなります。

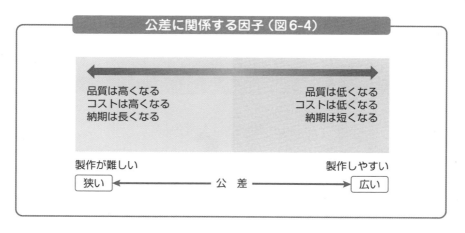

公差に関係する因子（図6-4）

一方、公差を広げ許容範囲を広くすれば、容易に製作することが可能になり、短納期でコストも低くなるでしょう。公差を狭く設定して過剰な要求にならないようにすることが大切です。もちろん、必要な公差であれば、どんなに厳しい設定でも、設計意図として主張することも大切です。

生産性を向上させつつ、品質の高いものを製作するには、公差に対する十分な理解と適切な公差設定が重要なのです。

COLUMN 大学で学べる実践的製図の限界

　大学や高等専門学校では多くの製図関連カリキュラムが用意されています。ここで実習をしながら製図の基礎を学んだ方も多いと思います。大学では、実際に製品をつくることはほとんどないので、品質、コスト、納期といったいわゆるQCD（Quality、Cost、Delivery）を意識した設計・製図を教えることは難しいでしょう。実践的な製図のスキルは実務で培うしかないかもしれません。では、大学などの高等教育機関では何を学ぶことができるのでしょうか。

　1つには、製図のルールを知ることです。ご存じのように、JISでは多くの分野の図面を規格化しています。そして、それらの図面の基礎事項は、分野に関係なく共通概念として定義されています。例えば、JIS Z＊＊＊＊という規格の多くは、分野を横断した共通基礎事項です。

　したがって、これらは工学系のどの分野の技術者も知っている必要があるでしょう。その次には、専門分野ごとの規格を学びます。ここまで来ると、ひととおり製図ができるようになるでしょう。しかし、図面が規格どおりに書けていても、加工不可能であったり製作が困難であったりするケースがあります。製作可能な図面を書けるようになるには、実際にものをつくってみる経験も必要かもしれません。そして、図面が機械設計、加工技術、品質管理、工程管理などと密接に関係しているということを理解することが重要です。これらは実際にものをつくるために必要不可欠です。

　とはいえ、実際に製品としてのものをつくったことがない教員から、このような実践的な製図を習得するのは不可能だと思います。このへんが、大学で学べる実践的製図の限界なのかもしれません。

6

サイズ公差の表し方

共通の基礎製図　　　　　　　　　　**専門の製図**　　　　　　　　　　**実践的製図**

- JIS Z＊＊＊＊を中心とする製図の規格
- 各専門分野における製図の規格
- 製作可能な図面の作図知識
- 知識として図面が加工技術・品質管理などと密接に関係していることを知る
- 加工・工程管理、品質・環境配慮・各種法令を加味した図面の作図
- QCD（品質、コスト、納期）を意識した作図知識

大学・工業高等専門学校		
		企業内教育

小　←――――――――　経　験　――――――――→　大

6-3 許容限界サイズ（サイズ公差①）

機械を製作するときに、**当てはめサイズ**（実寸法：実際にできあがったときの寸法）がサイズ公差内に収まるようにする方式を、サイズ公差の**ISOコード方式**といいます。

許容しうる寸法範囲の上限と下限

許容しうる寸法の範囲（サイズ許容区間）の上限値を**上の許容サイズ**、下限値を**下の許容サイズ**といいます。この2つの限界を示す寸法を**許容限界サイズ**といいます。図6-5に示すように、加工の際に基準となる寸法を**図示サイズ**といいます。

これに対して設定された上の許容サイズ、下の許容サイズから図示サイズを差し引いたものをそれぞれ**上の許容差**、**下の許容差**といいます。サイズ公差の大きさは、製作しようとする部品の大きさ、機能あるいは仕上げの精粗によって決められます。

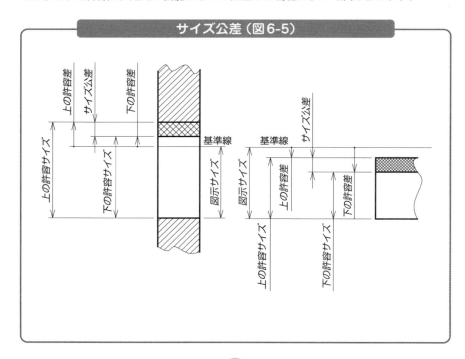

サイズ公差（図6-5）

6-4 基本サイズ公差等級
（サイズ公差②）

サイズ公差の指定は、JISにおいては、ISO方式の**基本サイズ公差**（IT基本サイズ公差）を用います。

 サイズ公差を実現するための困難度

基本サイズ公差は、サイズ公差の値の小さいものから1級、2級、3級、…、18級というように公差等級（基本サイズ公差等級）で指定する方式です。実際には、等級の数字の前にITを付けて、IT1、IT2、IT3、…、IT18のように表します。

表6-1に、基本サイズ公差等級の一部を示します。基本サイズ公差等級は、数字が大きくなると公差が大きくなります。つまり、サイズ公差実現の困難度を示しているのです。

例えば「直径40mm、基本サイズ公差等級IT6」の場合、サイズ公差は16μmとなります。また、「直径50mm、基本サイズ公差等級IT7」なら、サイズ公差は25μmとなります。

基本サイズ公差等級

基本サイズ公差等級は、サイズ公差の値の小さいものから1級、2級、3級、…、18級というように表す。等級の数字が大きいほど、公差が大きくなる。つまり、サイズ公差を実現するための困難度を示しているといえる。

6-4 基本サイズ公差等級 (サイズ公差②)

▼IT 基本サイズ公差の公差等級の数値 (表6-1)

図示サイズ [mm] 左超え	以下	IT1	IT2	IT3	IT4	IT5	IT6	IT7	IT8	IT9	IT10	IT11	IT12	IT13	IT14	IT15	IT16	IT17	IT18
		基本サイズ公差等級・基本サイズ公差値																	
		[μm]											[mm]						
−	3	0.8	1.2	2	3	4	6	10	14	25	40	60	0.1	0.14	0.25	0.4	0.6	1	1.4
3	6	1	1.5	2.5	4	5	8	12	18	30	48	75	0.12	0.18	0.3	0.48	0.75	1.2	1.8
6	10	1	1.5	2.5	4	6	9	15	22	36	58	90	0.15	0.22	0.36	0.58	0.9	1.5	2.2
10	18	1.2	2	3	5	8	11	18	27	43	70	110	0.18	0.27	0.43	0.7	1.1	1.8	2.7
18	30	1.5	2.5	4	6	9	13	21	33	52	84	130	0.21	0.33	0.52	0.84	1.3	2.1	3.3
30	50	1.5	2.5	4	7	11	16	25	39	62	100	160	0.25	0.39	0.62	1	1.6	2.5	3.9
50	80	2	3	5	8	13	19	30	46	74	120	190	0.3	0.46	0.74	1.2	1.9	3	4.6
80	120	2.5	4	6	10	15	22	35	54	87	140	220	0.35	0.54	0.87	1.4	2.2	3.5	5.4
120	180	3.5	5	8	12	18	25	40	63	100	160	250	0.4	0.63	1	1.6	2.5	4	6.3
180	250	4.5	7	10	14	20	29	46	72	115	185	290	0.46	0.72	1.15	1.85	2.9	4.6	7.2
250	315	6	8	12	16	23	32	52	81	130	210	320	0.52	0.81	1.3	2.1	3.2	5.2	8.1
315	400	7	9	13	18	25	36	57	89	140	230	360	0.57	0.89	1.4	2.3	3.6	5.7	8.9
400	500	8	10	15	20	27	40	63	97	155	250	400	0.63	0.97	1.55	2.5	4	6.3	9.7
500	630	9	11	16	22	32	44	70	110	175	280	440	0.7	1.1	1.75	2.8	4.4	7	11
630	800	10	13	18	25	36	50	80	125	200	320	500	0.8	1.25	2	3.2	5	8	12.5
800	1000	12	15	21	28	40	56	90	140	230	360	560	0.9	1.4	2.3	3.6	5.6	9	14
1000	1250	13	18	24	33	47	66	105	165	260	420	600	1.05	1.65	2.6	4.2	6.6	10.5	16.5
1250	1600	15	21	29	39	55	78	125	195	310	500	780	1.25	1.95	3.1	5	7.8	12.5	19.5
1600	2000	18	25	35	46	65	92	150	230	370	600	920	1.5	2.3	3.7	6	9.2	15	23
2000	2500	22	30	41	55	78	110	175	280	440	700	1100	1.75	2.8	4.4	7	11	17.5	28
2500	3150	26	36	50	68	96	135	210	330	540	860	1350	2.1	3.3	5.4	8.6	13.5	21	33

6-5 サイズ公差の記入方法

　図面のサイズ公差の表記は、原則として許容限界サイズを示しています。これらの公差は、設計意図を表示するものです。

 上の許容差、下の許容差を記入する

　サイズ公差の記入方法を図6-6に示します。図にあるとおり、寸法値の右に上付きで上の許容サイズ、下付きで下の許容サイズを記入します。

　上の許容サイズと下の許容サイズの符号のみが違っていて絶対値が同じ場合は、寸法値の右に「±」で表記してもよいことになっています。また、最大許容値あるいは最小許容値が「0」の場合は、符号を省略してもよいことになっています。

サイズ公差の記入方法（図6-6）

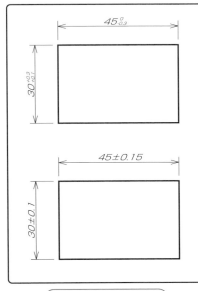

長さ寸法のサイズ公差

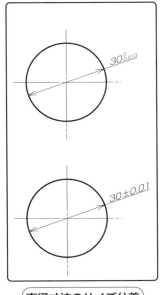

直径寸法のサイズ公差

6-5 サイズ公差の記入方法

　図面の寸法表記は、原則として許容限界サイズを示します。このときのサイズ公差は、設計意図を表示するものであり、製作物にとって重要で意味のある数値です。しかし、製作物の特性上、特に要求事項がない箇所について、個々の寸法箇所にサイズ公差を記入せず、一括して指示することができます。これを**普通公差**といいます。

普通公差を図面に一括して指示する

　JISでは、長さ寸法や角度寸法（JIS B 0405）、鋳造品（JIS B 0403）、金属プレス加工品（JIS B 0408）、金属板せん断加工品（JIS B 0410）などについて、それぞれの普通公差が規格化されています。長さや角度に関わる許容差は**普通サイズ公差**といいます。

　面取り部分を除く長さ寸法に対する許容差（JIS B 0405）を、例として表6-2に示しました。普通公差を図面に一括して指示するには、次の①～③の方法を用いて記入します。

①図示サイズ（基準寸法）の区分の、長さに関わるサイズに対する許容差を示す。
②適用する規格番号、公差等級などを示す。
③特定の許容差の値を示す。

　例えば、表題欄またはその付近に、次のように示します。

「指示なき公差で切削加工の場合は、JIS B0405-mとする。」
「指示なき公差で鋳造の場合は、普通公差 JIS B0403-CT12＊とする。」
「サイズ許容差を指示していないサイズの許容差は±0.25とする。」

＊**CT12**　鋳造公差等級のことで、CT1～CT16まで規定されている。

サイズ公差の記入方法 6-5

▼面取り部分を除く長さ寸法に対する許容差（表6-2）　　　　　　　　　　（単位：mm）

公差等級		基準寸法の区分							
記号	説明	0.5以上3以下	3を超え6以下	6を超え30以下	30を超え120以下	120を超え400以下	400を超え1000以下	1000を超え2000以下	2000を超え4000以下
		許容差							
f	精級	±0.05	±0.05	±0.1	±0.15	±0.2	±0.3	±0.5	−
m	中級	±0.1	±0.1	±0.2	±0.3	±0.5	±0.8	±1.2	±2
c	粗級	±0.2	±0.3	±0.5	±0.8	±1.2	±2	±3	±4
v	極粗級	−	±0.5	±1	±1.5	±2.5	±4	±6	±8

6

サイズ公差の表し方

COLUMN　人体を輪切りにした透視データから図面へ

　既存の図面を取り込んで電子データ化するスキャナや、立体形状を取り込んで電子データ化する3次元スキャナが、モノづくりの現場で広く用いられています。

　そして、人体の内部を透視して画像データにするCT（Computer Tomography）やMRI（Magnetic Resonance Imaging）のモノづくりへの活用も進められています。

　脳の障害や臓器のがんなどの診断に威力を発揮しているX線CTスキャナは、「X線断層撮影装置」とも呼ばれ、医療分野で活用されています。

　また、X線ではなく超音波を利用したのが、MRIといわれる核磁気共鳴画像装置です。このデータを用いれば、データ変換により人体内部を図面化したり、人工骨や人工臓器の製作に活用したりすることができるのです。

6-6 圧縮機における公差の事例

公差設定の事例として、家庭用空調機などに用いられている密閉形ロータリ圧縮機を紹介します。公差の設定に関して単純に正解とか不正解などと断じることはできませんが、設計意図として示すサイズ公差の重要性を理解していただければと思います。

密閉形ロータリ式圧縮機の概要

公差設定の前提となる対象製品の特徴を簡単に説明します。今日、空調機などに広く用いられている**蒸気圧縮式ヒートポンプサイクル**と呼ばれる熱サイクルは、インバータで圧縮機を駆動することにより高効率化を徹底的に図っており、省エネルギー推進のためのわが国の重要技術となっています。

わが国の家庭用空調機は、極めて高度な品質管理下で製作され、高い品質と共に信頼性・耐久性も高いものとなっています。これを支えている技術の1つが**圧縮機**です。

圧縮機の性能が、高効率のみならず熱交換器の小型化にも大きく寄与しているのです。そして、このような高性能な圧縮機を支えているのが、高い部品精度を要求する機構部品であり、これらを加工する生産技術や組立て技術です。

圧縮機は、作動ガスの圧力と体積の関係を機械で実現するものです。そのための機構には様々な種類がありますが、ローリングピストンを用いるロータリ機構で実現するのが**ロータリ式圧縮機**です。

ロータリ式圧縮機は、「シリンダの中心から偏心した中心を回転軸としてローラがシリンダ内を回転し、吸込みガスが次第に圧縮されていく」というものです。吸込み弁が不要となるほか、「モータの回転動力を往復動に変換することなく、そのまま作動ガスの圧縮に利用できる」という長所があります。

また、モータの2回転分で1圧縮工程を行うため、1回転で1圧縮の往復式に比べて振動が小さくなります。圧縮空間の可動部におけるシールを保つのに、潤滑油による油膜シールが重要な役割を果たしており、良好な油膜形成のために高度な精密加工が必要となります。

圧縮機における公差の事例 6-6

　ロータリ式圧縮機の構造例を図6-7に示します。密閉容器内部には、電動機部と圧縮機構部が収納されています。用いられている研磨部品、板金部品、ばね部品、さらには表面処理部品などの部品において、部品精度と公差が様々な値で設定されています。圧縮行程を図6-8に示します。

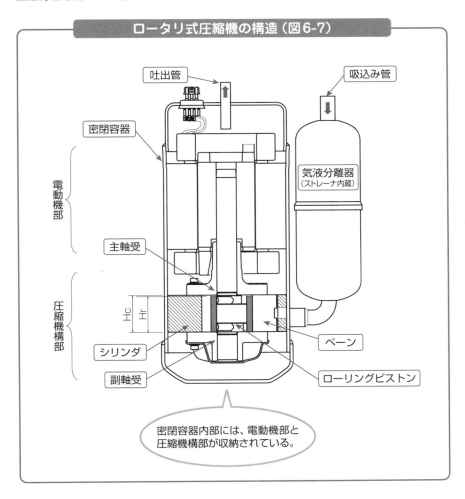

ロータリ式圧縮機の構造（図6-7）

密閉容器内部には、電動機部と圧縮機構部が収納されている。

6-6 圧縮機における公差の事例

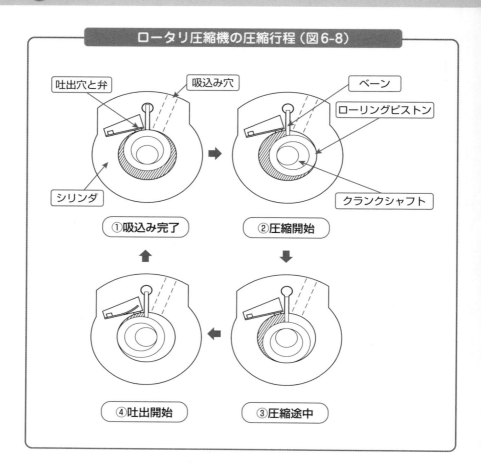

ロータリ式圧縮機の機械要素

　圧縮機は、低圧のガスを吸気するポートと、圧縮後の高圧ガスと吐出する弁を有しています。吸気側には、ゴミなどがシリンダ内に入らないよう、ストレーナを設けています。普通はストレーナを気液分離器と一体で構成しています。気液分離器は、圧縮空間に液状態の冷媒が侵入するのを防ぎます。もしも、液が圧縮空間に浸入すると、圧縮機構部の破損につながるので、液圧縮とならないようにしているのです。また、多くの場合、吐出側には騒音低減のために消音器（マフラ）を設置しています。

そのほかには、潤滑油の給油装置や電装品などにより構成されています。一般的に吐出弁には板ばねを用いたフラッパ弁が使われていて、シリンダや軸受に構成されています。
　図6-9に、シリンダに構成した吐出弁の例を示します。弁は、吐出ガスの高温にさらされ、曲げ荷重が繰り返しかかるので、材料や板の厚さなどを考慮して設計する必要があります。

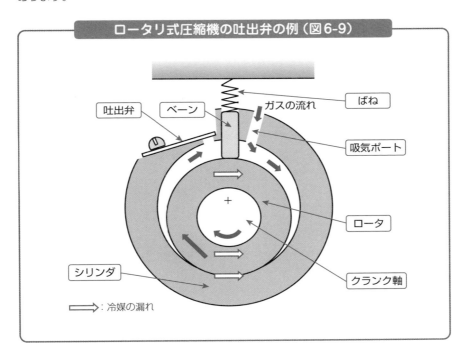

ロータリ式圧縮機の吐出弁の例（図6-9）

　機構部は、シリンダ、主軸受、仕切り板、副軸受、主軸などにより構成されます。シリンダ内に配置されたローラが、クランク軸の回転により、クランク軸の中心軸に偏心した回転軸で回転動作をします。これらの機械要素は摺動する箇所が多く、寸法やクリアランス、材料や表面処理など、多くの項目で検討を要するものです。

高精度な圧縮機構部の部品

圧縮機構部は、次の要素から構成されています。

①電動機部からの回転力を伝えるクランクシャフト
②クランクシャフトの偏心軸部に挿入されて旋回運動をするローリングピストン
③圧縮室を形成するシリンダ
④クランクシャフトを支持する主軸受・副軸受
⑤高低圧を仕切るため、ローリングピストン外周に追随して往復運動するベーン

これらすべての部品の摺動する部分は、1/1000mmオーダー、すなわち1μmオーダーの部品精度で研磨仕上げをされています。ロータリ式圧縮機は、多くの精密部品から成り立っているのです。

圧縮機構部の部品は、高い部品精度が必要とされます。図6-8に示された圧縮原理からわかるように、圧縮機はガス冷媒を圧縮します。例えば、ローリングピストンの部品精度が設計基準から数μm外れて、圧縮室のローリングピストンの上下端面や側面のシール隙間が大きくなってしまうと、圧縮室内においてガス漏れが増加します。

この漏れにより圧縮損失が大きくなり、性能（効率）の低下や、いわゆる省エネ性能の悪化を招いてしまうのです。逆に隙間が小さくなりすぎると、圧縮室内の潤滑性能が悪化し、ローリングピストンの上下端面や外周面の摺動部に良好な油膜が構成されず、焼き付きが発生します。

また、低圧のガス冷媒を高圧に圧縮するため、その圧力差により、軸受などには大きな力が作用します。もし、主軸受・副軸受の部品精度が設計基準から数μm外れていると、クランクシャフト外周と軸受内周における潤滑性能が悪化して（油膜切れ）、クランクシャフトと軸受にも焼き付きが発生してしまうのです。

このように、圧縮機構部の各部品は、性能と信頼性を確保するために高い部品精度が必要なのです。

設計者を悩ます公差

実際に製品化を考えて圧縮機を設計する際に、圧縮機の設計者（特に若い設計者）は厳しい市場ニーズを意識して、高い性能と高い信頼性を過度に重視してしまうことがあります。

その結果、例えば「部品精度をできる限り高くしたい」（設計意図）と考えて図面を書いてしまう傾向があります。しかし、これでは実際のモノづくりがうまくいきません。

部品精度を高くするには、公差の幅を狭くして、寸法管理を厳しくすることになります。公差は、実際に加工や組立てを行うときの「バラツキ」の幅になり、この幅は、圧縮機の性能・信頼性ばかりでなく、製造性（加工・組立て）をも大きく左右します。

これは、最終的に「コスト」に大きく跳ね返ってきます。「コスト低減」は、これからの設計者に要求される最も重要な技術力（設計力）の1つで、避けて通ることはできません。圧縮機の「公差を決定する」ことは、設計者を悩ます最も難しく、最も重要な「設計上の工程」なのです。

COLUMN CADの生い立ち

初めて「CAD」という言葉が使われたのは、1959年にマサチューセッツ工科大学（MIT）で開かれた「CADプロジェクト」第1回会議です。

CAD開発に至る背景には、NC工作機械の自動制御に関する技術の研究が深く関わっています。

MITにおいて、NC工作機械をコンピュータで制御する仕組みが研究され、それにより考案されたいくつかの技術が、今日のCAD/CAMの基礎となっています。

一方、1956年には、NC工作機械での加工形状をプログラムで制御するためのAPT＊が考案され、翌1957年にAPTⅡとして実用化されました。

これは、「形状を数値データとして扱い、工作機械の制御をコンピュータに行わせる」といった、初歩的なCAD/CAMシステムの機能を備えたものです。

図形をコンピュータ上で視覚的に処理する技術は、1962年、MITのサザーランド教授により**スケッチパッド**（Sketchpad）という、グラフィカルなインターフェースを備えた装置が考案されたことに始まります。

これを応用し、マクダネルダグラス社やノースロップ社、ロッキード社などの防衛関連企業が、艦船や航空機などの設計のために独自のCAD専用システムを構築しました。しかし、CADはまだまだ高価なものでした。

1980年代に本格的に登場したパソコンは、「CAD＝高価なシステム」というイメージを大きく変え、比較的安価なパソコンの上でCADを使うことが可能になりました。

今日、パソコンの急速な高機能化に伴い、CADの利用分野は拡大し続けています。

＊**APT** Automatcally Programmed Toolの略。

6-6 圧縮機における公差の事例

公差の事例

ここで、ロータリ式圧縮機のシリンダとローリングピストンの高さ方向 (軸方向) の部品精度と公差について見てみましょう。ただし、公差はメーカーごとに異なっており、そこには各企業の工夫や技術的チャレンジの成果が反映されています。

ここでは、その中の一例を紹介します。図6-7に示すシリンダとローリングピストンの隙間は、次のようになっています。

- シリンダ高さ寸法 　　　　　　　　$H_c = 30.000 \pm 0.004$
- ローリングピストン高さ寸法　　　$H_r = 29.980 \pm 0.003$
- シリンダとローリングピストンの隙間　$C = H_c - H_r = 0.020 \pm 0.007$

したがって、最大隙間$C_{max} = 0.027$、最小隙間$C_{min} = 0.013$となります。このC_{max}とC_{min}において、圧縮機の性能と信頼性の規格 (設計基準) を満足させなければならないのです。

ここでは、単純なサイズ公差について説明していますが、実際にはシリンダの上下面の「平面度」や「平行度」、ローリングピストンの上下端面の「平面度」や「平行度」、さらには、主軸受や副軸受のシリンダ側に向かい合う面の「平面度」なども、性能や信頼性に影響します。サイズ公差だけでなく、形状精度 (これも公差)、さらには研磨面の表面粗さ (これも公差) にも注意する必要があります。

圧縮機構部の部品に関しては、サイズ公差、形状精度、表面粗さのほかに、重要な公差として硬度があります。一般にローリングピストンは、信頼性確保のため熱処理 (焼入れ) をしています。

また、ベーンに関しては、表面処理 (窒化処理など) を施すことが多いです。クランクシャフトや軸受の材料に関しても、硬度管理は重要です。特に、熱処理や表面処理を施したこれらの部品は、硬度の公差をしっかり管理する必要があります。

万が一、硬度が設計基準から外れると、短時間で摩耗、焼き付きに至る重大な品質事故につながる可能性があるので、十分に管理していくことが大切です。

公差の重み

　今日、量産設計で実施されている様々な公差は、過去の大先輩たちから引き継がれてきたものが多いです。したがって、いまある公差は技術を積み上げたたまものであり、市場実績のある、重みのある管理値なのです。

　しかしながら一方では、市場環境から設計者は「コスト低減」に徹底的にチャレンジしなければならない状況にあります。幸い、加工方法・加工設備とも日々進歩しつつあり、それに伴って加工精度も向上しています。

　ここで、性能、信頼性、調達コスト、製造コストの全体のバランスを考慮しながら総合コストを分析して、もう一度、従来の公差について、公差の幅を拡大するような「公差見直し」――例えば、形状精度が上がれば、サイズ公差を拡大できる可能性もあるし、現状の公差は余裕度が大きく、公差を拡大しても性能・信頼性が確保できるかもしれない――にチャレンジしていく必要があるでしょう。

　まずは、いまある量産図面を精読し、製造現場にも足を運び、様々な角度から分析してみましょう。

公差は市場実績のある管理値

「公差を決定する」ことは、設計者を悩ます最も難しく、最も重要な「設計上の工程」である。サイズ公差だけでなく、形状精度、さらには研磨面の表面粗さにも注意する必要がある。

公差は、技術を積み上げたたまものであり、市場実績のある、重みのある管理値である。しかし、市場環境から「コスト低減」にチャレンジしなければならない状況にある。従来の公差について、公差の幅を拡大するような「公差見直し」にチャレンジしていく必要もある。

6-6 圧縮機における公差の事例

COLUMN 主な製図の規格

　製図に関係する主要な日本産業規格（JIS）は、以下のように規定されています。JISは、本文でも説明したように、国際規格（ISO）との整合化が促進されています。

JIS A 0101	土木製図
JIS A 0150	建築製図通則
JIS B 0001	機械製図
JIS B 0002-1	製図－ねじ及びねじ部品－第1部：通則
JIS B 0002-2	製図－ねじ及びねじ部品－第2部：ねじインサート
JIS B 0002-3	製図－ねじ及びねじ部品－第3部：簡略図示方法
JIS B 0003	歯車製図
JIS B 0004	ばね製図
JIS B 0005-1	製図－転がり軸受－第1部：基本簡略図示方法
JIS B 0005-2	製図－転がり軸受－第2部：個別簡略図示方法
JIS B 0006	製図－スプライン及びセレーションの表し方
JIS B 0011-1	製図－配管の簡略図示方法－第1部：通則及び正投影図
JIS B 0011-2	製図－配管の簡略図示方法－第2部：等角投影図
JIS B 0011-3	製図－配管の簡略図示方法－第3部：換気系及び排水系の末端装置
JIS B 0023	製図－幾何公差表示方式－最大実体公差方式及び最小実体公差方式
JIS B 0024	製図－公差表示方式の基本原則
JIS B 0025	製図－幾何公差表示方式－位置度公差方式
JIS B 0026	製図－寸法及び公差の表示方式－非剛性部品
JIS B 0027	製図－輪郭の寸法及び公差の表示方式
JIS B 0028	製図－寸法及び公差の表示方式－円すい
JIS B 0029	製図－姿勢及び位置の公差表示方式－突出公差域
JIS B 0041	製図－センタ穴の簡略図示方法
JIS B 0051	製図－部品のエッジ用語及び指示方法
JIS B 3402	CAD機械製図
JIS Z 8114	製図－製図用語
JIS Z 8310	製図総則
JIS Z 8311	製図－製図用紙のサイズ及び図面の様式
JIS Z 8312	製図－表示の一般原則－線の基本原則
JIS Z 8313-0	製図－文字－第0部：通則
JIS Z 8313-1	製図－文字－第1部：ローマ字，数字及び記号
JIS Z 8313-2	製図－文字－第2部：ギリシャ文字
JIS Z 8313-10	製図－文字－第10部：平仮名，片仮名及び漢字
JIS Z 8314	製図－尺度
JIS Z 8315-1	製図－投影法－第1部：通則
JIS Z 8315-2	製図－投影法－第2部：正投影法
JIS Z 8315-3	製図－投影法－第3部：軸測投影
JIS Z 8315-4	製図－投影法－第4部：透視投影
JIS Z 8315-5	製図－文字－第5部：CAD用文字，数字及び記号
JIS Z 8316	製図－図形の表し方の原則
JIS Z 8317-1	製図－寸法及び公差の記入方法－第1部：一般原則
JIS Z 8321	製図－表示の一般原則－CADに用いる線
JIS Z 8322	製図－表示の一般原則－引出線及び参照線の基本事項と適用

●規格の入手先

一般財団法人 日本規格協会
〒108-0073
東京都港区三田3丁目11-28　三田 Avanti
電話　050-1741-7520（代表）s

Chapter

7

幾何公差の表し方

　サイズ公差だけでは指示できない幾何学的な

バラツキや面、エッジなどの位置について、その

許容範囲を示すのが幾何公差です。

　本章では、幾何公差の種類やその図示の仕方、

公差域を規制するための設定の基準となるデー

タムの役割のほか、形状公差、姿勢公差、位置公

差、振れ公差などの幾何公差の表し方について具

体的に理解しましょう。

7-1 幾何公差の種類

製品の幾何特性仕様（GPS*）の中に、幾何公差表示方式が規格化されています。幾何公差は、サイズ公差だけでは指示できない幾何学的なバラツキ、面やエッジの位置の許容範囲を指示します。

よく用いられる幾何公差の種類と記号

幾何公差には、単独で幾何公差を指定できる**単独形体の幾何公差**（真円度や真直度など）と、公差域を設定するために基準になる相手（これを**データム**といいます）が必要な**関連形体の幾何公差**（平行度や直角度など）があります。

表7-1に、よく用いられる幾何公差の種類と記号を示しました。

どのような幾何公差を定義するかは設計者に委ねられますが、幾何公差をたくさん入れておけばよいというわけではなく、必要なところに漏れなく記入することが大事です。

幾何公差を入れれば、そのぶんだけ製作時に検査が必要となり、コストが増加したり納期が長くなる可能性もあります。

ポイントアドバイス

設計者に委ねられる幾何公差の定義

幾何公差の定義は、設計者に委ねられる。幾何公差には、形状公差、姿勢公差、位置公差、振れ公差があり、必要なところに漏れなく記入する。また、幾何公差を定義することで、そのぶんだけ製作時に検査が必要となり、コストが増加したり納期が長くなる可能性もある。

＊**GPS** Geometrical Product Specificationsの略。

幾何公差の種類 **7-1**

▼主な幾何公差の種類と記号（表7-1）

適用する形体	公差の種類		記号	定義
単独形体	形状公差	真直度公差	―	直線形体の幾何学的に正しい直線からの狂いの許容値
		平面度公差	⟋	平面形体の幾何学的に正しい平面からの狂いの許容値
		真円度公差	○	円形形体の幾何学的に正しい円からの狂いの許容値
		円筒度公差	⌀	円筒形体の幾何学的に正しい円筒からの狂いの許容値
単独形体または関連形体		線の輪郭度公差	⌒	理論的に正確な寸法によって定められた幾何学的に正しい輪郭からの、線の輪郭の狂いの許容値
		面の輪郭度公差	⌓	理論的に正確な寸法によって定められた幾何学的に正しい輪郭からの、面の輪郭の狂いの許容値
関連形体	姿勢公差	平行度公差	//	データム直線またはデータム平面に対して平行な幾何学的に正しい直線または幾何学的に正しい平面からの、平行であるべき直線形体または平面形体の狂いの許容値
		直角度公差	⊥	データム直線またはデータム平面に対して直角な幾何学的に正しい直線または幾何学的に正しい平面からの、直角であるべき直線形体または平面形体の狂いの許容値
		傾斜度公差	∠	データム直線またはデータム平面に対して理論的に正確な角度を持つ幾何学的に正しい直線または幾何学的に正しい平面からの、理論的に正確な角度を持つべき直線形体または平面形体の狂いの許容値
	位置公差	位置度公差	⊕	データムまたは他の形体に関連して定められた理論的に正確な位置からの、点、直線形体または平面形体の狂いの許容値
		同軸度公差または同心度公差	◎	同軸度公差は、データム軸直線と同一直線上にあるべき軸線の、データム軸直線からの狂いの許容値
				同心度公差は、データム円の中心に対する他の円形形体の中心の位置の狂いの許容値
		対称度公差	＝	データム軸直線またはデータム中心平面に関して互いに対称であるべき形体の、対称位置からの狂いの許容値
	振れ公差	円周振れ公差	↗	データム軸直線を軸とする回転体をデータム軸直線のまわりに回転したとき、その表面が指定された方向に変位する許容値
		全振れ公差	⤢	データム軸直線を軸とする回転体をデータム軸直線のまわりに回転したとき、その表面が指定された位置または任意の位置において指定された方向に変位する許容値

7

幾何公差の表し方

191

7-2 公差記入枠とデータム

幾何公差の図示と、公差域を規制するために設定する基準となる**データム**の役割について理解しましょう。

幾何公差の図示とデータム

幾何公差の図示には、図7-1に示すような長方形枠（公差記入枠）を用います。

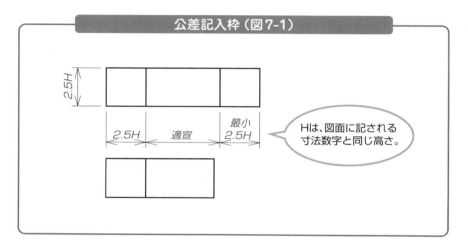

公差記入枠（図7-1）

Hは、図面に記される寸法数字と同じ高さ。

図中の製作物の形状に幾何公差を指示するとき、その公差域を規制するために設定する理論的に正確な幾何学的基準が**データム**です。したがって、基準となる点や直線、軸直線、平面や中心平面などが、データムの対象となります。

データム三角記号の役割

データムは、図7-2に示すように、英字の大文字を正方形で囲み、**データム三角記号**と呼ばれる三角形の記号を指示線で結んで示します。線または面自体にデータムを指定する場合は、形状の外形線上または延長線上に、寸法線の位置を明確に避けて、データム三角記号を書きます。

また、寸法を指定してある形体の軸線を対象としたときや、中心平面にデータムを指定する場合は、寸法線の延長にデータム三角記号を書くようにします。データム領域を限定したい場合は、限定したい範囲を一点鎖線で示し、そこにデータム三角記号を書きます。

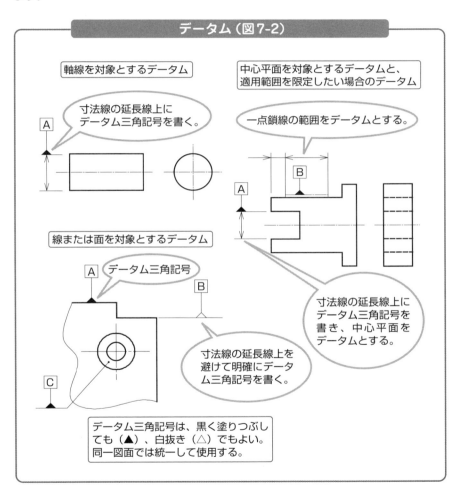

また、実際の製作図では、加工、各種測定や検査を行う際に、「加工機、検査装置や器具を対象の品物に接触させる部分」を指定する場合があります。このような、対象の品物上の点、線、限定領域を**データムターゲット**といい、専用の記号で指示します。

7-3 形状公差

幾何公差のうち、真直度、平面度、真円度、円筒度、線や面の輪郭度を示すのが**形状公差**です。

真円度公差

図7-3に示すような直径φ20の円筒部品を製作しようとするとき、図中にはどのような公差が必要でしょうか。

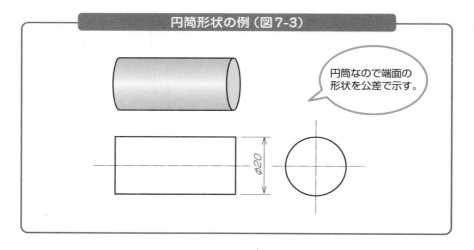

円筒形状の例（図7-3）

円筒なので、品物の端面の形状は「真円からしかるべきサイズ許容区間（公差域）内の円形」である必要がありそうです。そこで、図7-4に示すような**真円度公差**を採用してみます。

形状公差 7-3

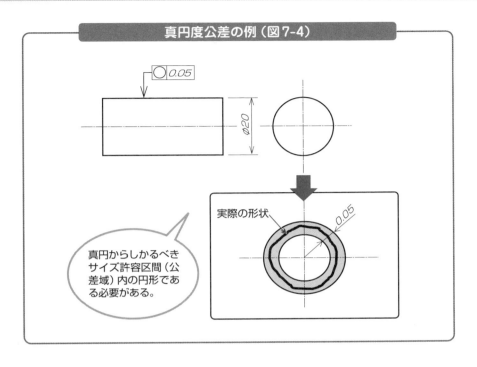

真円度公差の例（図7-4）

COLUMN コンカレントエンジニアリングで図面の効率化

コンカレントエンジニアリングは、効率よくモノづくりを行う手法として、製造業を中心に実践されています。

これは、企画、構想設計、詳細設計、試作、試験、量産設計、生産、計測といったモノづくりの工程を、直列につないで順に進めていくのではなく、各工程を同時並行で進める手法です。

3次元CADで作成された形状データを中核として、それぞれの工程がお互いにリンクしながら、データを共用して進めていきます。

例えば、市場で故障した製品が出たなら、3次元CADで作成された形状データをもとに、その原因を解析し、設計修正を行います。

すると、自動的に加工データも修正され、修正された図面も出力されるというものです。

高品質でコストを低く抑えるモノづくり手法といえるでしょう。

真直度公差

　図7-4では、「実際の円は0.05の公差範囲で真円からゆがんでいてもよい」ことを指示しています。しかし、円形はよいとしても、長手方向に反りがあったり、部分的なたわみがあったりしては困ります。そこで今度は**真直度公差**を採用すると、図7-5に示すように、反りがあっても公差域内に必ず収まるようになります。

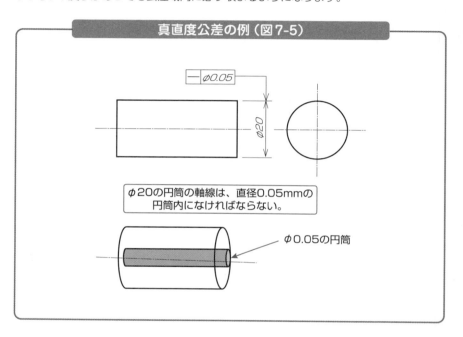

真直度公差の例（図7-5）

φ20の円筒の軸線は、直径0.05mmの円筒内になければならない。

φ0.05の円筒

矛盾した指示は製作現場に混乱をもたらす

真円度公差と真直度公差を両方指示すれば、所望の円筒形状が得られる。無意味な指示や重複した指示などは、矛盾のある指示となる可能性がある。そうなると、製作現場に混乱をもたらすことになるので、よく精査して公差の指示をする必要がある。

円筒度公差を用いる

真円度公差と真直度公差を両方指示すれば、所望の円筒形状が得られそうです。

そこで、図7-6に示すように公差指示をすればよいのですが、この場合は**円筒度公差**を用いて指示することもできます。さて、だめ押しとばかりに、真円度公差も真直度公差も円筒度公差もすべて表記したらどうなるでしょうか。

もちろん、製作は可能でしょう。しかし、無意味な指示であったり、重複した指示であったり、矛盾のある指示となる可能性があります。これらは、製作現場に混乱をもたらすことになるので、よく精査して公差の指示をする必要があるでしょう。

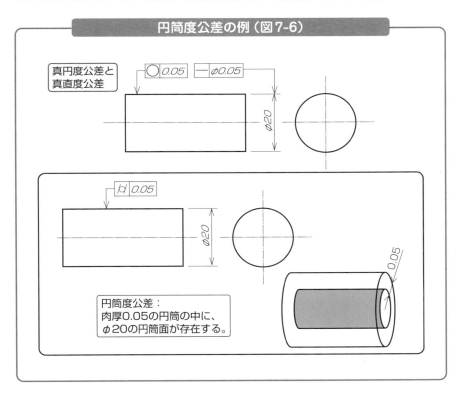

7-4 姿勢公差

姿勢公差は、指定したデータムを基準にして、指示した面や線などの姿勢について許容範囲を指定します。

直角度公差と平行度公差

例えば、図7-7に示す**直角度公差**は、「データム軸直線Aに対して直角で、かつ指示線の矢印が示す0.05mm離れた2面間に、実際の面が存在する」ことを表しています。

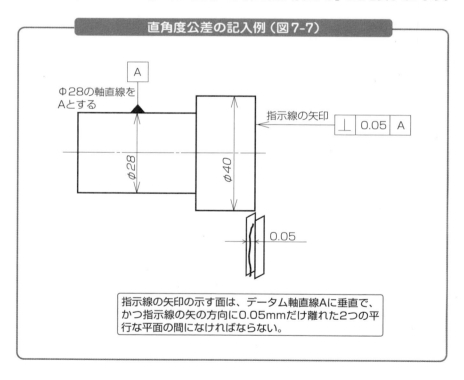

図7-8に、円板形状の部品に直角度公差を適用した例を示します。φ52の軸直線をデータムAとして、この軸に直角で0.01mm離れた2平面間に矢印の実際の指示面が存在します。

姿勢公差 7-4

　また、この図には**平行度公差**も記入しています。データム面Bに平行で、指示する矢印方向に0.1mm離れた2平面間に実際の指示面が存在します。データム面B側には、平面度公差を記入してみました。

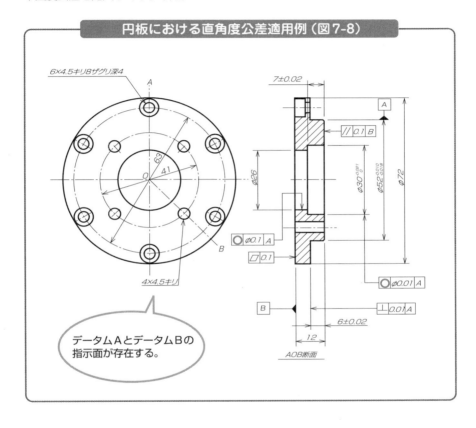

円板における直角度公差適用例（図7-8）

設計意図に準じた使い分け

平行度公差と平面度公差の意味の違いは、すでにおわかりかと思います。**姿勢公差**は、必ず基準となるデータムがあり、そこからの相対的な公差を意味します。平面度を記入するか、それとも平行度を記入するか──。これらの公差は設計意図に沿って使い分けられます。

公差を適用する範囲を限定したときは、図7-9に示すように、一点鎖線と寸法線で限定範囲を指定して指示します。

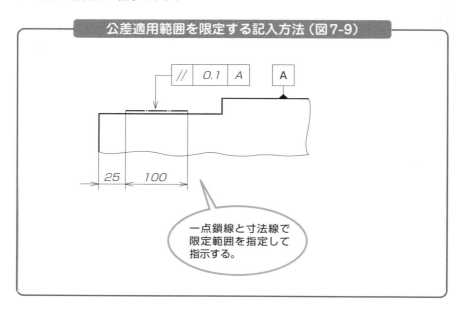

公差適用範囲を限定する記入方法（図7-9）

一点鎖線と寸法線で限定範囲を指定して指示する。

公差の選択は設計意図に準じる

姿勢公差は、必ず基準となるデータムからの相対的な公差を意味する。平面度を記入するか平行度を記入するか、といった公差の選択は、設計意図に沿って行われる。なお、公差を適用する範囲を限定したときは、一点鎖線と寸法線で限定範囲を指定する。

7-5 位置公差

基準となる平面や直線（データム）に対して、どれくらい正確な位置にあるか示すのが、**位置公差**です。

位置度公差の役割

図7-10は、フランジケースの端面を示しています。M10のねじ穴が等配で12カ所設けられています。このフランジケースは、同じように12カ所の穴が開けられたフタが穴位置を合わせて組み立てられ、両者はM10のボルトで締結されます。

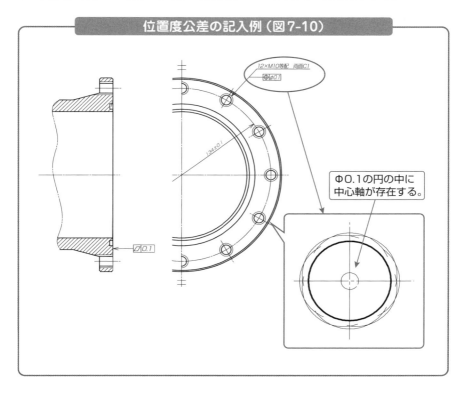

位置度公差の記入例（図7-10）

7-5 位置公差

ここで気を付けなければならないのが、等配のM10のねじの位置です。組み立てようとしたら、最後のボルト1本がどうにも穴と合わない……などということがないようにしなければなりません。

ここに用いられているのが、位置公差の一種である**位置度公差**です。**位置度**は、しかるべきデータムを基準とするか、または理論的に正しい位置からの、許容されるずれを指定します。この図では、理論的に正しく等配で配置される位置からφ0.1の円の中に、実際の穴の中心が存在します。

位置度公差を複数箇所に指示する

図7-11は、位置度公差を複数の形体に適用する場合の例を示しています。この場合は、公差記入枠の上側に形体の数を「×」を用いて示します。なお、公差が付けられていない寸法値を長方形で囲んでいる表記がありますが、これは第5章でも述べたとおり「理論的に正確な寸法」を示しています。位置公差を形体に指定する場合、中心距離は理論的に正確な寸法で示されることを表しています。

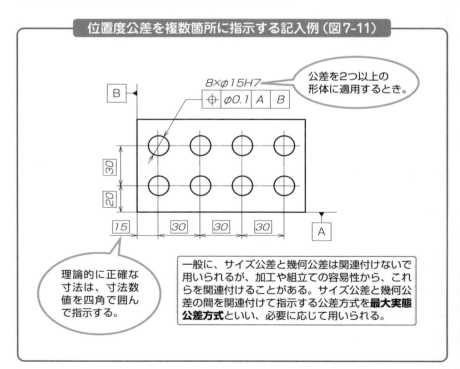

位置度公差を複数箇所に指示する記入例（図7-11）

対称度公差を記入する

図7-12に示すのは、**対称度公差**の記入例です。実際の幅16にある2平面の中心平面は、幅60の中心平面（データム平面A）に対して対称で0.05mmだけ離れた平行2平面、つまりデータム平面Aを中心に±0.025mmの距離にある2平面の中に存在します。

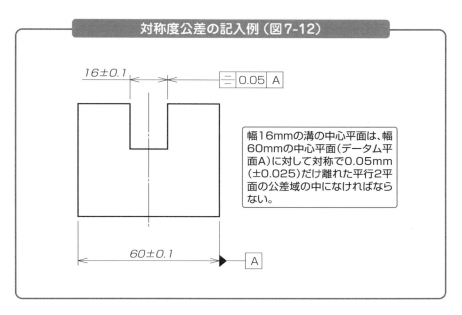

対称度公差の記入例（図7-12）

幅16mmの溝の中心平面は、幅60mmの中心平面（データム平面A）に対して対称で0.05mm（±0.025）だけ離れた平行2平面の公差域の中になければならない。

同軸度公差を記入する

図7-13に示すのは、**同軸度公差**の記入例です。これは、2つの円筒の軸について、同軸からの公差範囲内でのずれを指示するものです。図中の直径φ32の円筒の実際の軸線は、直径φ24の両軸端の軸直線（データム軸直線A-B）と同軸の、直径φ0.05の円筒公差域内に存在します。

同軸度公差は、前述の円筒度、真直度、真円度などの組み合わせを用いて、おおむね同じ設計意図を表現することが可能な気がしませんか？　しかし、公差の定義は明確に異なっています。

7-5 位置公差

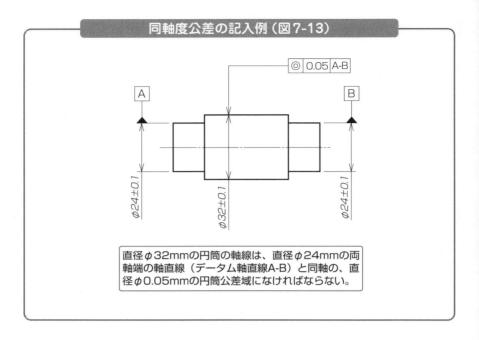

同軸度公差の記入例（図7-13）

直径φ32mmの円筒の軸線は、直径φ24mmの両軸端の軸直線（データム軸直線A-B）と同軸の、直径φ0.05mmの円筒公差域になければならない。

　製作物の性格と検査の手順を踏まえて、過不足のない的確な幾何公差を指示する必要があります。一概に、幾何公差の正解/不正解がいえないのは、製作物の性格、検査器具や装置などによって、的確な公差が変わってくるからです。

　先に例示した図7-8にも、同軸度公差を記入しています。これを円筒度公差に書き換えるとどこが狂うのか、考察してみるとよいでしょう。

複数の形体に適用する位置度公差

位置度では、データムを基準とするか、または理論的に正しい位置からの、許容されるずれを指定する。位置公差を複数の形体に適用する場合は、公差記入枠の上側に形体の数を「×」を用いて示す。公差が付けられていない寸法値を長方形で囲んでいる表記は、理論的に正確な寸法を示す。

7-6 振れ公差

振れ公差は、データム軸を持つ製作物に関して、ダイヤルゲージなどで所定の検査を行ったときに、振れ幅が公差範囲内であることを指示します。

円周振れ公差を記入する

図7-14（上）は、指示線の矢印で示す円筒側面の軸方向の振れが、データム軸直線A（φ28の軸直線）に関して1回転させたとき、任意の測定位置（測定円筒側面）で0.1mmを超えてはならないことを意味しています。

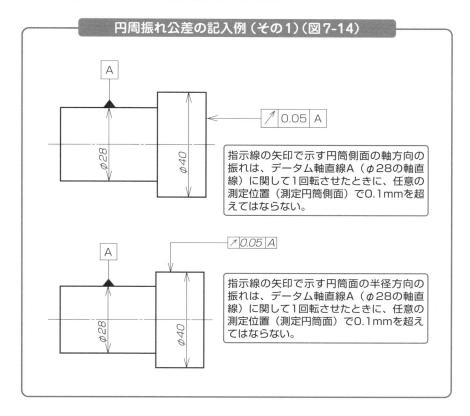

円周振れ公差の記入例（その1）（図7-14）

7-6 振れ公差

　φ40の右端面において任意の位置に検査針を当てて、データム軸を中心としてひとまわりさせたときの振れを検査することになります。図7-14（下）のように、指示線の矢印を円筒面から引き出せば、円筒部の振れを検査することになります。

　図7-15（上）に示す**振れ公差**は、検査する場所を指定しています。図では、φ40の右端面のφ36の軌道上に検査針を当てて検査します。もしも、すべての場所を検査する必要があるのであれば、**全振れ公差**を指示します。

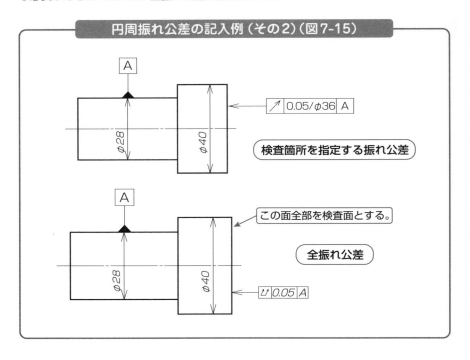

円周振れ公差の記入例（その2）（図7-15）

すべての面を検査する場合

振れ公差では、データム軸を持つ製作物に関して、振れ幅が公差範囲内であることを指示する。振れ公差において、すべての面を検査する必要がある場合は、全振れ公差を指示する。

Chapter 8

図面の管理と運用

　　図面は、単に製品の形状を示すだけのものでは
なく、設計部門をはじめ製造部門や営業部門でも
活用する技術情報です。近年の図面の電子情報化
により、その活用範囲は拡大し、多種多様に応用
されています。

　　したがって、その適切な管理と運用は、製品開
発期間の短縮化を図るだけでなく、事業戦略を練
るうえでも重要となります。図面を書く際にも、
図面の管理方法や活用方法を十分に理解してお
く必要があります。

8-1 図面の標準化

今日、機械系の製図の現場では、2次元／3次元のCADが広く普及しています。ここでは、CADで作成される電子データ化された図面情報を効率よく管理・運用していくことについて述べます。

作業の効率化を図るルールづくり

ISOやJISの規格による標準化については、第1章で説明しました。規格と同様に、図面に関する自分だけのルール、もしくは同じグループ内のルール、あるいは会社内でのルールというように、ローカルな単位で取り決め事項があると、作業の効率化を図ることができます。

例えば、社内で用いる図面の用紙サイズをA1、A2、A3、A4の4種類に限定するよう定めておけば（用紙サイズの標準化）、図面ごとにプリンタなどの出力装置に合う用紙サイズを設定する必要がなくなります。

また、図面の整理が容易になります。さらに、品物によって図面サイズが特定できれば、図面を見る者の間違いを避けられます。これは、設計情報の正確かつ迅速な伝達に役立つことなのです。標準化しておくと便利な基本項目には以下のようなものがあります。

用紙サイズの統一

2次元CADや3次元CADで作成されたモデルを2次元図面として出力する際には、使用する用紙サイズを決めておくとよいです。

CADではA版、B版、フリーなど様々なサイズの用紙設定が可能です。しかし、図面を紙に出力してファイルすることも考え、導入している設備（出力装置）に合わせて、使用する用紙サイズを社内で決めておくとよいでしょう。

図枠サイズの統一

　図面を用紙に出力するプリンタやプロッタなどは、出力装置により出図可能範囲が異なっていることがあります。同じ用紙でも、出力できる大きさが出力装置のメーカーや機種により若干異なっている場合があります。

　こうした装置も標準化が進められていますが、社内で導入した出力装置の仕様をよく検討して、統一した図枠を決めて設定しておき、いつでも確実に出力できるようにしておくとよいでしょう。

表題欄（部品欄）のテンプレート化

　作図される図面において、**表題欄**が右下に配置されていたり、右上に配置されていたり、書く人によって違っていると、これらの図面を見て活用しようとする作業者にとっては大変見にくくなります。

　そして、ミスのもとになったり、誤解や混乱が生じたりする可能性もあります。一般的には図面右下に書きますが、これに限らず表題欄や部品欄の配置は図枠サイズと共に社内で決めて、テンプレート化しておくとよいでしょう。

　また、表題欄や部品欄に記載する項目、内容、記載する位置も決めておくべきです。これらは図面をファイルに整理する際に大いに役立ちます。一般的に、CADはこの表題欄に記載する内容をそのまま図面情報として登録できるようになっています。

　登録できる主な情報は、表8-1に示すような項目です。図面を検索したり、図面内容を確認したりする際には、この情報を瞬時に参照して活用することが可能となっています。

▼図面情報の主な登録項目（表8-1）

一般情報	用紙情報	更新履歴	3次元CADの情報
ファイル名	用紙サイズ	更新番号	ID番号
図面名称	用紙の向き	更新日時	フィーチャの名称
図面番号	用紙	更新内容	ステータス
作図者氏名		更新者氏名	アノテーション情報
承認情報			
縮尺			
作図日時			
最新更新日時			

8-1 図面の標準化

　3次元CAD環境がある場合には、さらに追加して、フィーチャ情報やアノテーション情報なども登録されます。

　図面番号やファイル名は、品物や「組立図か部品図か」などがわかるように、統一したルールを決めておくとよいでしょう。例えば、図8-1に示すような図面番号の付け方で整理しておけば、図面番号だけで多くの情報を把握することができます。

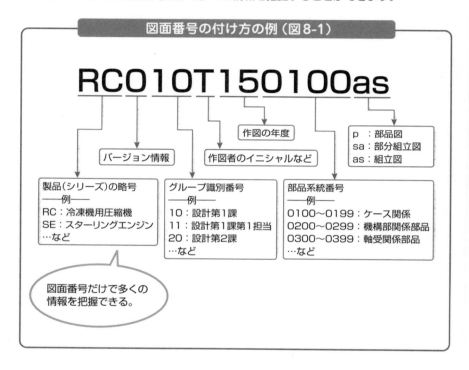

線種の統一

　ほとんどのCADは、線の太さや種類、色といった設定値を、初期値としてコンピュータに登録できるようになっています。出力装置がプロッタの場合は、線の太さをペン番号で指定したり、プロッタ側でペン色と太さ（ドットやmm指定）を設定したりします。

　CADシステムや出力装置を自分ひとりで使用する場合は問題ないのですが、他の人が利用したり、他のCADで作成された図面を出力したりする場合を考えると、統一した仕様で設定しておけば、その都度試し印刷をして調整するといった面倒がなくなります。

寸法記入のルール化

　CADを用いると、寸法記入は簡単にできます。一般的に、フォントや付記事項、記号や寸法値の記載場所など細かい箇所まで思いどおりに記入できます。3次元CADでは**アノテーション**として記入します。

　こういった寸法値などの情報は、電子データであるモデルデータに埋め込まれて、加工や検査などいろいろと応用されます。簡単に寸法が入れられることから、安易に記入しがちですが、モデルに埋め込まれているデータをもとにNC（数値制御）工作機械や検査装置を駆動するので、刃物の動作に誤りが生じたり、無駄な動きが生じたりしないよう、注意して記入します。

　社内にある加工機の仕様や、これから製作しようとする部品の性格を理解していれば、それに応じた記入ルールを定めることが可能になります。

　簡単な例を図8-2、図8-3に示します。両図面は、同じ形状の軸製品を示していますが、寸法の記入の際に基準の位置が違っています。寸法の基準はその製品の特性によって決められますが、自社で同様の部品を製作する場合、特別な事情がなければ、設計意図として基準の場所は同じにするべきでしょう。

　同様の部品なのに基準が変わってしまうと、そのあとの組立て工程などに支障が出る場合もあります。「自社の設計はここを基準とする」と決めておけば、余計な混乱は発生しません。もちろん、意味のある設計意図の変更ならば、この限りではありません。

8-1 図面の標準化

軸の寸法記入例(その1)(図8-2)

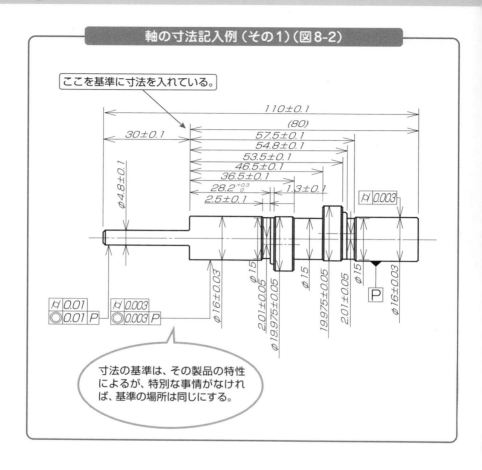

電子データの管理・運用で作業の効率化を実現する

CADで作成された電子データの図面情報を効率よく管理・運用することが必要。ローカルな実務単位で統一化などの取り決めをすれば、設計情報の正確かつ迅速な伝達に役立ち、作業の効率化を図ることができる。

図面の標準化 8-1

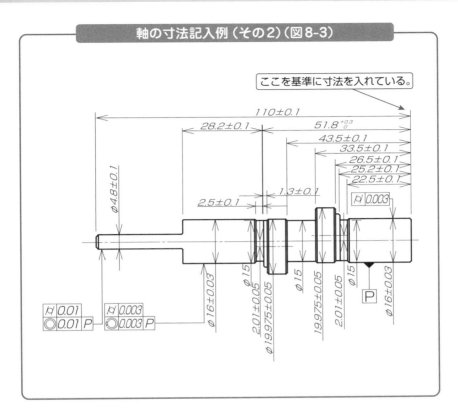

軸の寸法記入例（その2）（図8-3）

記号の統一的な記入

同一の図面の中に、例えば算術平均粗さ（Ra）と十点平均粗さ（Rz）が混在していると、加工者ならびにその図面を活用するほかの技術者が混乱する可能性もあります。できるだけ統一するとよいとすでに述べましたが、特定の図面内あるいは自分ひとりだけでなく、グループ内や会社内で統一しておくとよいでしょう。

とはいえ、硬さの基準などのように、物理的な意味の違いがある場合は、もちろん統一することは不適当です。粗さは評価方法に違いがありますが、物理的な性状はおおよそ互いに換算することが可能なので、やむを得ない場合を除き、統一して用いるようにします。

一般的なCADは、「よく使う記号類を部品として登録し、必要に応じてすぐに取り出せる」ようになっているので、この機能をカスタマイズして有効利用すれば、記号の記入も効率的に行うことができます。

レイヤ（画層）の統一

レイヤは、2次元CAD、3次元CADのどちらでも便利な機能として用いられています。もちろん、レイヤ分けをしなくても作図やモデリングは可能です。

しかし、レイヤに関しても社内で統一ルールを決めておくと、他の技術者が作図した図面を引き継いだときにもスムーズに編集に取りかかれるでしょう。

ファイル名の工夫

ファイル名は、使用するCADシステムが管理できる文字種や字数を十分考慮して決定します。無意味に長いファイル名は、管理上避けるべきです。

また、Windows版とMac版など、異なるOS上のCADシステムの間でやりとりがある場合は、使用できる文字種や字数の違いに注意が必要です。さらに、海外と図面のやりとりを行う場合は、ファイル名に漢字や全角文字を使用しないほうがよいでしょう。

よく使う記号類を登録

人によって用いる記号が異なるのではなく、統一する必要がある。一般的なCADでは、よく使用する記号類を部品として登録し、必要に応じてすぐに取り出せるようになっていることから、この機能をカスタマイズして有効に利用する。これにより、統一された記号類の記入を効率的に行うことができる。

8-2 図面の共有

図面の電子データは社内全体で有効に活用することができます。また、データの開放にあたっては、様々な不慮の事態に対する対策が必要です。

電子データは社内共有の財産

標準化された図面の電子データは、関連する作業者間で共有化し、業務の効率化に活用します。例えば、先に述べたように図面情報を登録しておけば、図面を必要とする者が図面の検索機能を用いて目的の図面を容易に探し出せるようになります。基本となる図面を中心にデータベースを構築しておけば、社内全体で有効に図面を活用することが可能となるのです。

図面などの電子データは社内の共有の財産です。その電子データにアクセスしようとする者が理解しやすいように工夫をすることも大切です。必要な図面情報を登録して、データベース化が可能となるような電子データを作成することを心がけましょう。

不慮の事態への対策

共有化のために電子データを開放した場合は、同時に**不正アクセス**による被害を受ける可能性も生じます。電子データには企業秘密である設計情報が多く含まれており、外部の者が容易にこの電子データにアクセスできるようでは、会社の大きな損失にもつながりかねません。

コンピュータウイルスの対策も必要でしょう。さらに、データベースの破損あるいはデータベースが構築されているコンピュータの故障といった不慮の事態への対策も講じておく必要があります。

図面のバックアップを保存するのはもちろんのこと、データベースが構築されているコンピュータのハードディスク全体のバックアップをとっておくなどの対策が必須です。共有化を進めて他部門でも電子データを活用すれば、製造部門のみならず全社的な業務効率向上の相乗効果が期待できます。しかしその反面、機密漏洩やウイルス被害などの危険もあるので、様々な不慮の事態への対策を施し、CADシステムの管理を進める必要があります。

8-3 インターネットの活用

インターネットの活用により、世界中の離れた場所とのデータ／文書のやりとりや情報の交換が短時間で行えるので、部材の調達や部門間の協調などを効率的に進めることができます。

設計情報の共有化

電子データ化されている図面情報や3次元形状データは、インターネットを活用して離れた場所とやりとりを行ったりするのに便利です。また、Webページによる情報発信といった設計情報の活用範囲が広がります。最近では、「クラウド（またはクラウドコンピューティング）サービス」と呼ばれる、インターネット上にデータなどを保管できるサービスが普及してきました。大容量のデータも必要なときのみダウンロードして利用したり、場所を選ばずグループ内データを共有したりできますので、クラウドを利用したデザインレビューも実施されています。近年のインターネットの世界的な普及は著しく、電子データ化された設計情報のインターネットを利用した共有化が進められるでしょう。

機密情報の保護

共有化に伴って、機密情報の保護のため、以下のような事項に細心の注意を払う必要があります。

●電子データ送受信の際の注意

図面情報や3次元形状データは、重要な設計情報が含まれているので、慎重に取り扱います。

●Webを利用する際の注意

Webページの運用にあたっても、電子データの送受信と同様、機密情報の漏洩防止に細心の注意が必要です。

やりとりを行う相手への配慮

やりとりを行う相手には、次の配慮が必要です。

●データの形式

海外へファイルを送信する場合、文字などが誤って変換されて文字化けを起こしたり、図面の電子データ自体が読み取れなくなったりするのを避けるため、漢字や全角文字を海外送信用のファイルのファイル名やファイル内の図面データには用いません。

●ファイルの形式

ファイルの形式は、目的と用途に応じて選び、必要に応じてデータ変換をして作成します。送信する相手が活用しやすいよう、ときにはCADソフトの別バージョンのデータ形式に変換したり、データのフォーマットを変換したりします。

設計情報の共有化に伴う配慮（図8-4）

設計情報の共有化

- **機密情報の保護**
  - 重要な設計情報が含まれているので慎重に取り扱う。
  - 機密情報の漏洩には細心の注意が必要。

- **データやファイル**
  - データの形式に配慮する。
  - ファイル形式は、目的と用途に応じて選ぶ。
  - 必要に応じてデータ変換をする。

8-3 インターネットの活用

COLUMN 主なデータフォーマット

図面データや3次元形状データには、様々な**データフォーマット**があります。これらは、中間ファイルや互いの形式に変換したりして活用されます。参考までに、主なデータフォーマットを紹介しておきます。

IGES：Initial Graphics Exchange Specification

CAD/CAMシステム相互間におけるデータ交換のための、製品定義データの数値表現として作成され、1981年にANSI規格となったもの。

DXF：Drawing Exchange File

オートデスク社が、自社のCADの"AutoCAD"に対して、2次元あるいは3次元のデータを異なるバージョンのシステム間で交換する目的で定義したフォーマットである。現在、日本のCADでは、ほとんどのソフトウェアがこのファイル形式をサポートしている。

BMI：Batch Model Interface

キャダムシステム社が、自社の"Micro CADAM"のアプリケーションソフトウェア開発用に作成したファイル形式。

STEP：Standard for the Exchange of Product Data

製品モデルとそのデータ交換に関するISO（国際標準化機構）の国際規格（ISO 10303）の通称で、正式名はISO 10303 Product Data Representation and Exchange。

SXF：Scadec Data Exchange Format

オープンCADフォーマット評議会（OCF）が推進する、異なるCADソフト間でのデータ交換を実現するためのフォーマット。

BMP：Bit Map

Microsoft社のWindows環境における標準画像フォーマット。非圧縮形式なのでファイルのサイズが大きくなる。

GIF：Graphics Interchange Format

256色までの画像の圧縮／伸張が可能なファイル形式である。

TIFF：Tagged Image File Format

OSに依存しない画像形式である。タグを利用することによって、色の数や解像度が異なる複数の画像を一緒に保存することができる。ファイルのサイズは大きくなる。

JPEG：Joint Photographic Experts Group

ISOによって制定された国際標準規格である。カラー静止画像の符号化標準方式に従った圧縮形式の規格で、フルカラーの画像の圧縮／伸張が可能である。

8-4 電子データの管理と運用

　設計者および図面作成者は、デジタル製品技術文書情報（**DTPD** ＊）の１つである図面を作成しますが、これらは電子データとして保存・活用されます。したがって、電子データを適切に管理する必要があります。

トレランスの管理

　CADで図面を作成するときの電子データの特徴について説明します。CAD画面上の線と線が接続されている部分であっても、数学的に調べると小数点以下５桁とか６桁の数字が異なっていることがあります。

　CADソフトの中には、電子データから工作機械のカッターパスを作成したり、計測や解析に電子データを流用したりできるものも多く、この誤差が大きいとエラーになってしまう可能性があります。３次元CADの場合は線だけでなく、面と面、面と線、線と線、面や線と点といったものの接続にも注意が必要です。

　これらは、実は完全に一致（接続）しているわけではなく、コンピュータの画面上では一致しているように見えても、数学的には不一致となっていることが多いのです。これは、図形要素（面、線、点）の座標値の計算精度によって生じるのですが、ソフト上ではある**しきい値**を設け、この誤差がしきい値以下になる場合は数学的に一致していると見なして処理を進めています。

　このしきい値を**トレランス**といいます。トレランスは必要に応じて変更することが可能です。一般に、CADソフトによってトレランスのデフォルト値が若干違っていることがあり、違う種類のCAD間でデータ変換をする際に、トレランスの違いに起因するデータ変換のエラーが発生することがあります。トレランスもしっかり把握・管理していきましょう。

データ変換の必要性

　CADで作成したデータ（図面データ）は、他のCADで表示したり、CAEや加工機を動かして製作したりするとき、それぞれに適合するデータに変換する必要があります。

＊**DTPD**　Digital technical product documentation の略。

8-4 電子データの管理と運用

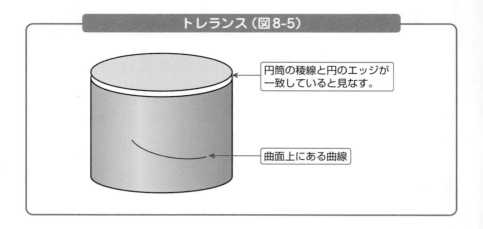

トレランス（図8-5）
- 円筒の稜線と円のエッジが一致していると見なす。
- 曲面上にある曲線

このようなときに、データの形式の変換、すなわち**データ変換**を行います。データ変換は、主に「異なるソフトウェアやシステムとの間でデータを共用する」、「同じソフトウェアの異なるバージョン間で共用する」という2つの場面で必要となります。

同じソフトウェアの場合は、多くの場合、上位バージョン（新しいバージョン）が下位バージョンのデータ形式をサポートしますが、データの欠落などがないか、よく注意しておく必要があるでしょう。

異なるソフトウェア間やシステム間の場合は、データ構造が異なるため、通常はそのまま利用することができません。特に3次元CADでは、2次元CADと違ってトレランスやトポロジーが違っているため、データの完全な引き渡しが難しいことも少なくありません。

CADによっては、異なるCAD専用のデータ形式に直接変換する**変換ツール**（これを**ダイレクトインターフェース**という）が用意されていることもあります。これは、データを正確に変換できるという長所を持つ一方、変換先の形式が限られてしまい、対応するCADとの間でしか使えないという短所があります。

一般的に、異なるCAD間やシステム間でデータを使用する場合は、次の変換が用いられます。

①標準フォーマットを用いたデータ変換
②カーネルフォーマットを用いたデータ交換
③ネイティブデータによるダイレクト変換

標準フォーマットとは、標準化機関が標準化を規定しているIGES、STEPなどや、いわゆるデファクトスタンダードとしてのDXFなどがあり、多くのCAD、CAM、CAEで採用されています。

カーネルフォーマットとは、3次元ソリッドモデリングカーネル（通称：**カーネル**）によるデータフォーマットのことで、代表的な汎用カーネルには**Parasolid**や**ACIS**があります。

そのほかにも、周辺システムへデータを引き渡すためのフォーマットがいくつかあり、主なものは以下のとおりです。

●STL *

3次元CADデータをRP（Rapid Prototyping）で使用するために広く用いられているデータフォーマットです。3次元形状を小さな3角形の面で表現しています。小さな面の集合で3次元形状を表現する**ポリゴンデータ**のフォーマットの1つです。

●VRML *

3次元データをWebブラウザ上で表現することを目的とするデータフォーマット。1997年にISO/IEC（国際標準化機構／国際電気標準会議）によって、ISO/IEC 14772として認可されました。Web上で、動きを付けた3次元画像を表示することもできます。

●XVL *

3次元データを、比較的低速な通信回線を利用しても高速に伝送できるように、ファイルサイズを小さくしたフォーマットです。Web上でアニメーションの表示ができたり、リアルなイメージ画像を表示したりできます。

データのバックアップ

予期せぬ停電やハードディスクのクラッシュなどに備え、CADで作成したデータのバックアップをとっておく必要があります。ソフトウェアの中には、作業中のデータを定期的に自動でバックアップする機能を備えているものもあります。

---

* **STL** 　　Standard Triangulated Languageの略。
* **VRML** 　Virtual Reality Modeling Languageの略。
* **XVL** 　　Extensible Virtual World Description Languageの略。

8-4 電子データの管理と運用

　また、データを一括してサーバーなどで一元管理している場合は、サーバーに自動で定期的にバックアップを作成する**ミラーリング機能**を付加しておくことも効果的です。また、完成図面はこまめにバックアップを作成しておくことが望ましいでしょう。

COLUMN　PDQ：Product Data Qualityを意識せよ

　PDQとは、3次元CADデータの品質を意味しています。コンピュータの画面上では何の問題も認められないように思える形状データも、トレランスの整合性がとれていなかったり、ごく微小な破片のような要素が含まれていたりすると、CADデータを他のCADあるいはその他のCADデータを利用するシステムに引き渡したときに、重大な障害となることがあります。

　例えば、CAEでメッシュが生成できなかったり、必要以上に細かいメッシュが生成されたりします。

　従来は、引き渡しを受けたCADやその他のシステムの側でCADデータを修正することが多かったのですが、そもそも作成されるオリジナルのCADデータの品質が高ければ、このような障害は少なくなるはずです。

　そこで、3次元CADデータの品質を適正に保つため、JAMA/JAPIA　PDQガイドラインV4.1に図形のPDQ（形状に関する品質）および図形以外のPDQ（形状以外の品質）に関して明記し、指針を示しています。また、これに限らず、会社内や部署内で統一的な基準を設けて3次元CADデータを有効活用している例もあります。

PDQ事例

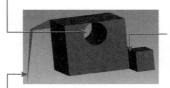

接するような穴開けは、トレランスによっては問題となる。

点や線の接合部は、CADソフトによっては取り扱うことができない。

鋭くとがった形状は、その先端幅がトレランスよりも狭い場合に、問題となることがある。

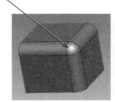

縮退部がある場合は、データ変換時に問題が生じることがある。

8-5 プロジェクトの管理と運用

CADデータ、特に3次元CADデータを用いて、モノづくりの企画から設計、製造、販売、回収（リサイクル）までの全工程、あるいはその中の一部の工程を管理することができます。

3次元CADデータの活用

3次元CADデータは、自分の部署のみで使うのではなく、後工程、場合によっては前工程でも活用されます。3次元CADデータの作成においては、前後の工程でも利用しやすいようなデータを作成することが求められます。

特に、設計部門は、市場動向の情報、生産部門の情報、部材調達状況の情報、販売・営業部門からの情報などが集まるので、プロジェクトの推進に主導的な役割を負うことが多く、慎重かつ品質の高いデータ作成が求められるのです。

また、プロジェクト管理と同様にPDM＊（**製品情報管理**）も製品の開発に重要です。PDMはCADデータだけではなく、製品開発に関連する指示書や明細書、デザインレビュー資料などの文書情報も含めて、製品構成に沿って管理することです。

製品の開発には、資材部門による部材の調達が必要です。また、製造部門によって作成される生産工程表や生産計画表などが必要です。実際には生産工程を考慮して生産計画が立てられ、この計画に合わせて必要な部材を調達します。部材の調達とそれをもとにした製造工程はうまく連携して進める必要があります。

これらの管理に3次元CADデータが活用されると、大変効率的に作業が進められます。しかも、視覚的にもCGや動画を活用して作業ミスを減らすことにも効果があります。

どの部署に部品がどれくらいあり、どの部署でいくつ不足しているのかを把握して、欠品や余分な部品の在庫を保有しないように管理することができます。部署を横断した部品管理も可能で、他の機種との部品の共通化を図るなど有効な活用がなされます。

このために、各部署の部品の要求や保有状況を表形式あるいはツリー形式にまとめて活用することが行われています。この部品表を**BOM**＊といいます。

＊**PDM**　　Product Data Managementの略。
＊**BOM**　　Bill of Materialsの略。

8-5 プロジェクトの管理と運用

　また、一般に設計時に製品はアセンブリや部品の構成を定義した **E-BOM** ＊と、生産時に部品の手配に使用する **M-BOM** ＊があります。BOM作成支援やPDMが実践しやすいような付加機能を備えた3次元CADソフトも活用されています。

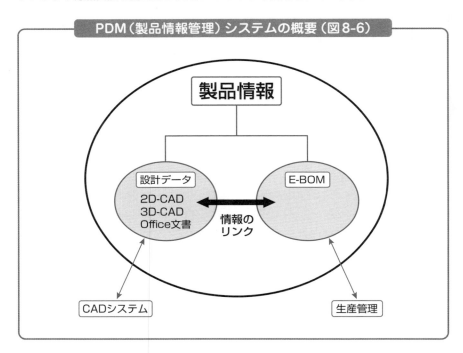

製品の開発に重要な情報システム

PDM＊（**製品情報管理**）は、CADデータだけではなく、製品開発に関連する指示書や明細書、デザインレビュー資料などの文書情報も含めて、製品構成に沿って管理する重要な情報システムである。

＊ **E-BOM** 　Engineering BOMの略。
＊ **M-BOM** 　Manufacturing BOMの略。
＊ **PDM** 　　Product Data Managementの略。

8-6 設計・製図情報の運用

　図面のデータは、多くの可能性を含んでおり、製造現場以外でも図面データあるいは3次元形状データが活用されます。そして、これらのデータの活用には多くのメリットがあります。

レイヤを活用する

　CADの機能である**レイヤ**を使いこなすと、デザインレビューの説明資料作成、製品化後の取扱説明書の図解資料作成、といった幅広い用途に流用することができます。図8-7に示す製作図面は、寸法線や製図記号などが多く記載されており、このままでは、デザインレビューの資料としてはわかりにくいです。

　そこで、寸法関係の記述と幾何形状、記号その他にレイヤを分けて図面を書いておけば、必要に応じて寸法線を非表示にしたり必要な部分のみを表示させたりして、目的の資料を容易に作成できるようになります。

リアルな表現ができるコンピュータグラフィクス

　レイヤの活用は、**3次元CAD**も同様に可能です。そして3次元CADの場合、**コンピュータグラフィクス**（CG*）機能を活用すると、視覚的に大変ユニークな表現が可能となります。

　CADとCGは非常に関係の深い技術といえ、機械系3次元CADが意匠設計に活用されたり、デザイン系CADとの連携が進められたりしています。3次元CADは、設計者が思い描いた製品イメージをシミュレーションすることも重要な目的であるため、作成した形状モデルをよりリアルに表現できるCGは不可分の機能なのです。

　これまでCG技術は、コマーシャルフィルムやコンピュータアニメーションなどの分野で先行して効果的に活用されてきましたが、近年は、工業デザインやCAEの普及に伴うシミュレーションの可視化、建築・土木分野でのプレゼンテーションなどの目的での利用も進んでいるのです。

＊**CG**　Computer Graphicsの略。

8-6 設計・製図情報の運用

レイヤの活用例（図8-7）

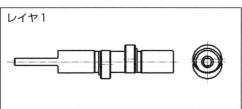

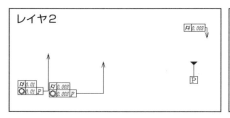

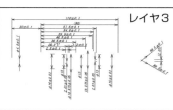

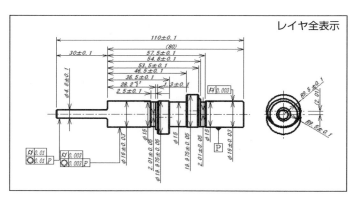

⚙ CAE：Computer Aided Engineering

　近年の製造業では、製品の企画から設計、試作品の評価を経て最終的に製造されるまでの期間の短縮化とコストの縮小化が強く求められています。

　そのために、3次元CADで作成された形状モデルを中核とするコンカレントエンジニアリングの中で、設計されたモデルを検証し評価する**CAE**に対する期待は大きいといえます。

CAEとは、一般に設計・開発・研究などの業務の中で、コンピュータによる解析シミュレーションによって生産性・品質の向上を図ることをいいます。

近年のコンピュータのめざましい発展と、**有限要素法**（FEM）、**境界要素法**（BEM）、**差分法**（FDM）などの計算手法により、最近では高度な解析が可能となり、コンピュータグラフィクスの技法により可視化手法が普及したため、広く一般的に用いられるようになりました。

また、製品企画・製造・販売・保守など製品のライフサイクル全般における情報をコンピュータで取り扱い、PDMなどの情報技術を活用して業務効率向上を図ることも、広義のCAEといえます。

設計分野におけるCAEは、解析を行いたい対象物をモデル化し、対象物の構造特性もしくは運動や現象を数値計算によって得るもので、いままで把握が困難だった対象物の挙動を事前に知ることができます。よって、CAEを設計に有効に活用すれば、品質や生産性の向上に大きな効果が得られるのです。

CAEの主な解析の種類は、図8-8に示すように多岐にわたっており、またこれらを組み合わせて解析を進める**連成解析**も行われています。図8-9に、3次元CADと流れ解析を行った例を示しました。

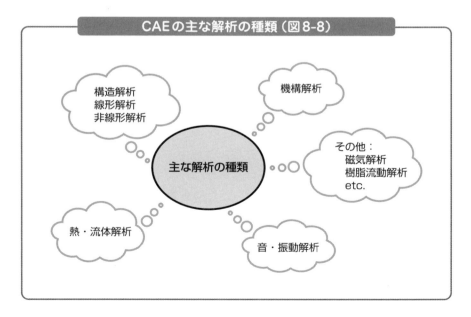

8-6 設計・製図情報の運用

3次元モデルを用いた流れの解析（図8-9）

 − [ + ]

流路の3次元モデル

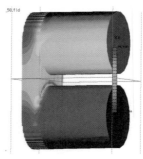

圧力分布

> 3次元CADが解析に使われている。

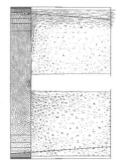

流束ベクトル線図

その他の運用

　CADデータは、コンピュータ化された製造全般で活用することができます。これを**CAM**＊といいます。3次元CADデータを利用して、**NC**＊（数値制御）**工作機械**を動作させて目標の対象物を製作することができます。

　同様に、検査装置に適用する**CAT**＊も活用されています。これは、製作物の形状評価を行うシステムの1つで、3次元CADデータとそれをもとにして製作された製作物の形状比較をして、その結果をレポートするものです。

　製作物の寸法・形状を評価するためには一般に**3次元測定器**が用いられますが、3次元測定器のプローブの動作を3次元CADデータより算出し、自動的に行えるCATシステムもあります。

　また、**RP**＊あるいは**3次元プリンタ**による出力も一般的になってきました。3次元造形物の応用分野は広がっており、この分野の技術が今後ますます発展するものと考えられます。

　さらに、**DMU**＊も広く活用されるようになってきました。これは、従来、色合い、質感、取り付けまわりの確認、広告・宣伝などを目的としてつくられてきた実物大の模型を、3次元CADデータによるCGで行うものです。

　時間的にも経済的にも効率的がよく、また、インターネットを利用すれば離れたところにいる複数の技術者同士でDMUを用いたデザインレビューが可能になるなど、その応用先と可能性は大きく広がっています。

　さらに、**VR**＊への活用も進んできています。

　これからの時代は、製図に関して2次元の図を書くだけでなく、作成したモデルデータの管理と運用を、責任を持って実行できる必要があるのです。

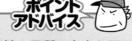

生産性や品質の向上を図るCAE

設計・開発・研究などの業務において、解析シミュレーションによって生産性や品質の向上を図るのが**CAE**。有限要素法（FEM＊）、境界要素法（BEM）、差分法（FDM）などの計算方法により、高度な解析が可能である。コンピュータグラフィクスでの可視化手法の普及により、広く一般的に用いられている。

＊**CAM**　　Computer Aided Manufacturingの略。
＊**NC**　　　Numerical Controlの略。
＊**CAT**　　Computer Aided Testingの略。
＊**RP**　　　Rapid Prototypeの略。
＊**DMU**　　Digital Mock-Upの略。
＊**VR**　　　Vertual Realityの略。
＊**FEM**　　Finite Element Methodの略。

8-7 自己検図のすすめ

完成度の高い良質の図面は、生産性を高めるほか、製品の品質向上やコストダウンにもつながります。図面ミスを減らす／なくすには、**自己検図**が有効です。

検図では何を見る？

製品の製造には、設計部署、製造部署、検査部署など、いろいろな部署が関わります。これらの部署では、同じ図面をもとにしてそれぞれの作業が進められます。その中で、それぞれの部署で不具合が発生することもあります。製造部署から加工や組み立てのできない公差指示だと指摘されたり、検査部署から歩留まりが悪すぎるとの連絡があったりします。設計部署でも、過去の類似品をもとに設計を進める流用設計において、変更箇所だけしか強度などの構造検討をしていなかったり、規格改正後も古い規格で作図していたりします。

このような問題の回避には、**検図**が有効です（図面作成者自身による検図のことを自己検図といいます）。検図は、単に図面の記述ミス（対規格）を指摘することだけではありません。製品製造時の不具合は、「図面の設計意図が正確に伝わっていなかった」、「熟練製造技術者が退職したため、それまでできていた加工ができなくなった」、「図面の微修正を重ねることで、流用設計時の元の図面の設計意図が埋没してしまった」などの理由で発生します。検図で検証すべき項目を図8-10に示します。

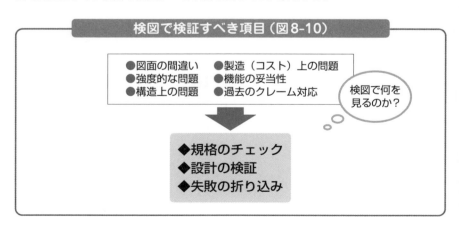

自己検図のチェックポイント

　不具合を減らすには、「製品を製造する加工機械や加工技術者、素材の入手先と品質など、自社の製品製造に関係する実力を把握し、それに適合する図面を書くのだ」という視点も重要です。

　そのため、次に示す項目を確認することが大切です。

- 工程能力を把握していますか？
　（自社の実力を知らなければ、公差を決めるのは難しい）
- 無駄な公差、意味のない形状がありますか？
- 曖昧な形状がありますか？
- 組み立てた状態を検討していますか？
- 流用設計時に検討・工夫を加えていますか？
- 標準部品／共通部品をきちんと区別して把握し、表記していますか？
- 社内基準は用意されていますか？
- 製図の基本的な規則を守っていますか？
- 過去の図面を検証したことがありますか？
- 3次元CADを正しく活用できていますか？

　検図力は設計力です。設計者は、自社ならびに協力工場の加工機械やそれを実際に使用する加工技術者の実力をよく知り、それらを十分に有効活用できるように、図面の中に設計意図を織り込んでいきます。加工現場を歩いてよく見てみることも、図面を書くうえでとても大切なのです。

[参考文献]

『失敗から学ぶ機械設計』	大髙敏男	2006.5	日刊工業新聞社
『絵とき「熱力学」基礎のきそ』	大髙敏男	2008.7	日本工業新聞社
『3次元CADで学ぶ機械設計の基礎知識』	大髙敏男	2009.6	日刊工業新聞社
『上手な機械製図の書き方』	大髙敏男	2011.6	技術評論社
『絵とき「ヒートポンプ」基礎のきそ』	大髙敏男	2011.9	日刊工業新聞社
『史上最強図解 これならわかる！機械工学』	大髙敏男	2014.1	ナツメ出版
『現場で役立つ機械設計の基本と仕組み』	大髙敏男	2013.8	秀和システム

索引 Index

ひらがな / カタカナ

あ行

圧縮機	180
当てはめサイズ	174
穴加工	90
アノテーション	211
粗加工図	86
粗さの定義	79
アルミナイジング	74
位置決めピン	119
位置公差	191,201
位置度	202
位置度公差	191,202,204
一般図	17
鋳物図	86
上の許容差	174
上の許容サイズ	170,174
運動機構図	17
運動機能図	17
運動線図	17
円周振れ公差	191,205
円筒形	143
円筒度公差	191,197
応用設計	24

か行

カーネル	221
カーネルフォーマット	221
外観図	17
外国単位系	41
開先	150

改造設計	24
カエリ	116
加工限界	97
硬さ	84
下面図	129
ガントチャート	117
関連形体の幾何公差	190
機械	20
機械製図	20
幾何公差	169,171,172,190
気配り欠如	126
技術不足	125
基礎図	18
基本サイズ公差	175
基本サイズ公差等級	175
旧JIS	79
境界要素法	227
強度計算	37
曲面線図	17
許容限界サイズ	170,174
切り欠き	48,49
記録図	17
金属拡散	74
区画図	18
組立図	17,29,100
クランク軸	70
クロマイジング	74
計画図	16
経験不足	125
傾斜度公差	191
形状公差	191,194
計装図	17

系統（線）図	17	参考図	16
検査図	16,18	三次元製品情報付加モデル	24
検図	230	算術平均粗さ	79
検図力	231	仕上げ加工図	86
原寸	33	仕上げしろ	86
研磨しろ	88	しきい値	219
高エネルギー焼入れ	74	敷地図	18
工学単位系	41	仕切り板	104
公差	168	軸	102
公差域	102	軸受	102
公差指示	172	軸組図	18
公差の積み上げ	110	自己検図	230
高周波焼入れ	74,76	試作図	16
構造図	18	試作図面	114
構造線図	17	姿勢公差	191,198,200
工程図	16,18	下の許容差	174
国際規格	21	下の許容サイズ	170,174
国際単位	41	実寸法	174
ゴムシート	121	実測図	18
コンカレントエンジニアリング	195	尺度	33
コンピュータウイルス	215	斜投影	129
コンピュータグラフィクス	225	修正履歴	27
コンピュータ支援製造	24	縮尺	33
コンポーネント仕様図	18	十点平均粗さ	79
コンポーネント図	18	ショア硬さ	84

さ行

サイズ公差		蒸気圧縮式ヒートポンプサイクル	180
102,108,159,167,168,170,172		照合番号	30
最大実態公差方式	202	詳細図	16,18
最大高さ	79	承認図	16
材料記号	145	承認用図	16
サクションカップ	121	正面図	129
ザグリ加工	48,49	真円度公差	191,194
差分法	227	浸炭処理	74
		浸炭窒化処理	74
		真直度公差	110,191,196

浸硼処理	74	装置図	18
浸硫処理	74	素材図	17
浸硫窒化処理	74		
新JIS	79	**た行**	
水蒸気処理	74	第一角法	130
スウェーデン鋼	148	第三角法	130
数値解析	24	対称度公差	191,203
据付け図	16,18	怠慢	125
スケッチ図	17	ダイヤグラム	17
スケッチパッド	185	ダイレクトインターフェース	220
図示サイズ	170,174	単位	41
図番	31	炭化物被覆	74
図面	16,21	単独形体の幾何公差	190
図面番号	210	知識不足	125
寸法公差	168	窒化処理	74
寸法線	136	注記	76
寸法表記	138	鋳造模型図	17
寸法補助記号	143,144	注文図	16
寸法補助線	137	直方体	143
制作図	16	直角投影	129
生産設計	112	直角度公差	110,191,198
製図	20	データフォーマット	218
製図記号	141	データ変換	220
正投影	129	データム	190,192
製品情報管理	223,224	データム三角記号	192
施工図	16,18	データムターゲット	193
設計力	126	デジタル製品技術文書情報	25
接続図	17	デジタルプロダクツドキュメンテーション	
説明図	16		148
説明線	150	撤去図	18
線図	17	展開図	17,19
全体配置図	18	電子ビーム焼入れ	74
線の輪郭度公差	191	度	136
全振れ公差	191,206	投影図	129
総組立図	17,29,100	投影法	128

索引

235

同軸度公差 …………………… 191,203	秒 ………………………………… 136
同心度公差 …………………… 191	標準化意識欠如 ………………… 126
トレランス …………………… 219	標準数 ………………………… 37,38
	標準フォーマット ……………… 221
な行	表題欄 ………………………… 31,209
	表面性状 ………………………… 79
長穴 ……………………………… 91	表面熱処理 ……………………… 74
中加工図 ………………………… 86	表面焼入れ ……………………… 74
斜め穴 …………………………… 92	ファイル名 ……………………… 214
並目ねじ ………………………… 62	不正アクセス …………………… 215
軟窒化処理 ……………………… 74	普通公差 ………………………… 178
肉を盗む ………………………… 134	普通サイズ公差 ………………… 178
逃げスペース …………………… 71	物理単位系 ……………………… 41
日本産業規格 ………………… 21,188	部品図 ………………………… 17,29
熱拡散処理 ……………………… 74	部品相関図 ……………………… 17
熱処理 ………………………… 74,78	部品番号 ………………………… 100
	部品欄 …………………………… 31
は行	部分組立図 ………………… 17,29,100
	部分配置図 ……………………… 18
配管図 …………………………… 17	プラント工程図 ………………… 17
配筋図 …………………………… 18	ブリネル硬さ …………………… 84
倍尺 ……………………………… 33	フレア …………………………… 150
配線図 …………………………… 17	フレームハードニング ………… 74
配置図 …………………………… 18	振れ公差 ……………… 191,205,206
配置設計 ………………………… 24	分 ………………………………… 136
背面図 …………………………… 129	分解立体図 ……………………… 17
歯車 ……………………………… 161	平行投影 ………………………… 129
はめあい ………………… 38,102,157	平行度公差 ………………… 191,199
バリ …………………………… 93,116	平面図 …………………………… 129
バリ取り ………………………… 116	平面度公差 ……………………… 191
バンド …………………………… 121	変換ツール ……………………… 220
非金属拡散 ……………………… 74	編集設計 ………………………… 24
非対称部品 ……………………… 104	硼化処理 ………………………… 74
左側面図 ………………………… 129	細目ねじ ………………………… 62
ビッカース硬さ ………………… 84	炎焼入れ ………………………… 74
ピッチ円直径 …………………… 162	
ひとりよがり …………………… 125	

ホモ処理 ……………………… 74	ロングドリル ………………………… 90
ポリゴンデータ ………………… 221	
ホルダ …………………………… 121	

わ行

ワンチャック ………………………… 64

ま行

マシニングセンタ ……………… 64	
右側面図 ………………………… 129	
溝寸法 …………………………… 53	
見積図 …………………………… 16	
ミラーリング機能 ……………… 222	
メートルねじ …………………… 62	
面取り ……………………… 54,55	
面取り寸法 ……………………… 57	
面の輪郭度公差 ………………… 191	
モジュール ……………………… 162	

英数字

アルファベット

A列サイズ ………………………… 26
ACIS ……………………………… 221
APT ……………………………… 185
BMI ……………………………… 218
BMP ……………………………… 218
BOM ……………………………… 223
CAD ……………… 23,31,69,185
CAE ………… 24,125,226,229
CAM ………………… 24,65,229
CAT ……………………………… 229
CG ………………………………… 225
CGS単位系 ……………………… 41
CLデータ ………………………… 65
CT12 …………………………… 178
DMU ……………………………… 229
DPD ……………………………… 148
DTPD ………………………… 24,219
DXF ……………………………… 218
E-BOM ………………………… 224
FEM ……………………………… 229
GIF ……………………………… 218
GPS ……………………………… 190
IGES ……………………………… 218
ISO ………………………… 21,35
ISOコード方式 ………………… 174
ISOはめあい方式 ………… 102,157
IT基本サイズ公差（等級）………… 175

や行

焼きばめ ………………………… 87
有限要素法 ……………………… 227
溶接記号 ………………………… 150
要目表 …………………………… 163
要目欄 …………………………… 100

ら行

立体図 ……………………… 17,19
流用設計 ………………………… 24
量産図面 …………………… 114,118
量産設計 ………………………… 112
輪郭線 …………………………… 27
レイヤ ……………………… 214,225
レイヤ設定 ……………………… 85
レーザ焼入れ …………………… 74
連成解析 ………………………… 227
ロータリ式圧縮機 ……………… 180
ロックウェル硬さ ……………… 84

JIS	21,35,188
JPEG	218
M-BOM	224
MKS単位系	41
mm	136
NC工作機械	64,229
Oリング	50,154
Parasolid	221
PDM	223,224
PDQ	222
QCD	173
rad	136
RP	229
SI単位	41
SS440	146
STEP	218
STL	221
SXF	218
S45C	146
TIFF	218
VR	229
VRML	221
XVL	221

数字/記号

2次元CAD	208
3次元測定器	229
3次元プリンタ	229
3次元CAD	32,208,225
3次元CADデータ	223
5ゲン主義	103,126
□	143
φ	143

●著者紹介

大髙　敏男（おおたか　としお）

国士舘大学 理工学部 機械工学系　教授
博士（工学）　技術士（機械部門　第56798号）
日本機械学会フェロー
1990年　（株）東芝家電技術研究所入社
2000年　東京都立工業高等専門学校助教授
2003年　都立大学客員講師
2007年　国士舘大学准教授
2011年　国士舘大学教授
企業で圧縮機・冷凍機・空調機の研究・開発・設計に従事してきた。
教育機関ではこれらの経験を生かした実践的な講義を展開している。専門分野はエネルギー工学、熱工学、伝熱工学、冷凍・空調工学、機械設計。

【主な著作】

『現場で役立つ機械設計の基本と仕組み』（秀和システム）
『失敗から学ぶ機械設計—製造現場で起きた実際例81』
『絵とき「熱力学」基礎のきそ』
『3次元CADで学ぶ機械設計の基礎知識』
『絵とき「ヒートポンプ」基礎のきそ』
『絵とき「再生可能エネルギー」基礎のきそ』
『トコトンやさしい海底資源の本』
『図解 よくわかる廃熱回収・利用技術』
　　（以上、日刊工業新聞社）
『史上最強図解 これならわかる！機械工学』（ナツメ出版）
『3次元CAD実践活用法』
『機構学』
『これならわかる伝熱工学』
　　（以上、コロナ社）
『はじめての機械要素』（科学図書出版）
『上手な機械製図の書き方』
『しくみ図解 空調設備が一番わかる』
『しくみ図解 CADが一番わかる』
　　（以上、技術評論社）…ほか多数

協力：株式会社エディトリアルハウス

図解入門 現場で役立つ
機械製図の基本と仕組み [第2版]

発行日	2024年11月11日 第1版第1刷
著　者	大髙　敏男

発行者　斉藤　和邦

発行所　株式会社　秀和システム
　　　　〒135-0016
　　　　東京都江東区東陽2-4-2　新宮ビル2F
　　　　Tel 03-6264-3105（販売）Fax 03-6264-3094

印刷所　三松堂印刷株式会社　　　Printed in Japan

ISBN978-4-7980-7286-9 C3053

定価はカバーに表示してあります。
乱丁本・落丁本はお取りかえいたします。
本書に関するご質問については、ご質問の内容と住所、氏名、電話番号を明記のうえ、当社編集部宛FAXまたは書面にてお送りください。お電話によるご質問は受け付けておりませんのであらかじめご了承ください。